60种
常用中药材
栽培技术

马璇 华威 孙振欧 主编

化学工业出版社
·北京·

内容简介

本书以常用药材栽培为主线，从实用性出发，重点对丹参、玄参、党参、珊瑚菜、人参、西洋参等60种常用中药材的栽培技术进行了全面具体的介绍，包括功能及主治、形态特征、生长习性和栽培要点等。书中配有实物图片，文字简洁易懂，体现了中药材栽培的新技术和科研新成果。

本书适合于广大药农及相关生产技术人员阅读参考。

图书在版编目（CIP）数据

60种常用中药材栽培技术 / 马璇，华威，孙振欧主编. — 北京：化学工业出版社，2024. 11. — ISBN 978-7-122-12181-3

Ⅰ. S567

中国国家版本馆 CIP 数据核字第 2024P7U712 号

责任编辑：张林爽   文字编辑：李娇娇   陈小滔
责任校对：宋 夏   装帧设计：关 飞

出版发行：化学工业出版社
　　　　　（北京市东城区青年湖南街13号　邮政编码100011）
印　　装：河北延风印务有限公司
710mm×1000mm　1/16　印张12¾　字数241千字
2024年11月北京第1版第1次印刷

购书咨询：010-64518888　　售后服务：010-64518899
网　　址：http://www.cip.com.cn
凡购买本书，如有缺损质量问题，本社销售中心负责调换。

定　　价：**68.00元**

《60种常用中药材栽培技术》
编写人员名单

主　编

马　璇　北京联合大学

华　威　北京联合大学

孙振欧　天津科技大学

参编

王田利　甘肃省静宁县林业局

李　菲　青岛大学

柳泽华　河南工业大学

李　映　北京联合大学

赵晨蕊　北京联合大学

陈　琴　北京联合大学

刘　博　北京联合大学

何　逸　北京联合大学

李云丹　北京联合大学

前言

　　中药材种植在种植品种选择好的情况下，种植效益很可观，是农村短平快的致富项目，受到各地政府和广大群众的高度重视，近年来呈现规模化开发、产业化经营、商品化运作的态势。但由于药材种植受市场、库存及加工能力等多方面影响，加之，不同药用植物生长习性不一样，生产管理各有特点，有的药材生产者收益与期望值相差太远，造成极大的人力财力浪费。

　　本书以常用药材栽培为主线，从实用性出发，应用通俗的语言，讲述了我国中药材栽培概况，以及丹参、玄参、党参、珊瑚菜、人参、西洋参、白及、防风、地黄、桔梗、菘蓝、黄芪、黄芩、薏苡、薯蓣、紫苏、蒲公英、知母、秦艽、菟丝子、柴胡、百合、半夏、灵芝、当归、黄连、天麻、车前、栝楼、丝瓜、忍冬、芍药、牡丹、菊花、红花、款冬、远志、薄荷、牛膝、甘草、大黄、牛蒡、荆芥、茴香、山杏、山桃、皱皮木瓜、连翘、杜仲、刺五加、枸杞、山茱萸、厚朴、五味子、山楂、枣、三叶木通、槐、银杏、无花果等60种常用中药材的功能及主治、形态特征、生长习性、栽培要点，图文并茂，可操作性强。书中介绍了中药材栽培的新成果、新技术，力求推动我国中药材种植的高效发展。

　　由于编者水平有限，书中不足之处在所难免，恳请广大读者批评指正。

编者

目录

参考文献

第一章

概　述

一、我国中药材产业的发展

自从神农氏尝百草以来，中药材一直是我国人民身体健康的守护神，中药材的采集、种植技术一直伴随着人类的进步而发展提高。到明朝，伟大的医药学家李时珍系统地总结了前人中药材方面积累的经验，呕心沥血，编写了具有划时代价值的中药材指导性文献《本草纲目》，中药材的种植受到空前的重视。中药种植成为一种职业，从农业中分离出来，出现了专职的药材种植者。

中华人民共和国成立以后，中药材的生产再次受到重视，各科研院所开始进行中药材适应性、丰产性试验及新品种选育。管理部门每年下达种植任务，供销部门敞开大门收购，药材加工厂供销空前繁荣，我国中药材的发展进入良性发展轨道。

改革开放以来，农村实行土地承包经营后，农民脱贫致富的积极性空前高涨，中药材作为高效产业，被广大群众选择，药材种植规模快速扩张，种植品种逐渐多样，种植基地相对成型。早在 2008 年，科技部已先后批准在全国 17 个省建设"中药现代化科技产业基地"，在 7 个省建设"中药材规范化种植基地"，已建立起 413 种中药材生产质量管理规范（GAP），并相应建立了 430 个中药材品种 GAP 基地。通过基地示范带动，促进我国中药材生产与国际医药采购标准接轨，加快中药材融入国际医药的步伐，助推中国医药产品走向世界，促进中药材种植业向生产集约化、规范化发展。

二、我国中药材产业发生的变化

在我国中药材产业快速发展的过程中，有以下重大变化，对产业的发展起到了很好的助推作用。

1. 栽培品种的良种化程度大幅提高

长期以来，中药材的种子多从野外采集获得，其性状不稳定，适应性、抗性、丰产性都有极大的不确定性，近年来，科研院所加快了中药材良种的选育，像甘肃栽培的主要药材当归、党参、黄芪、半夏等均已选育出了相应的良种岷归

2号、渭党2号、陇芪2号、BY-1半夏新品种，新品种的应用，大幅度地提高了植株的抗性和丰产性，有效地提升了产业经营效益。

2. 中药材区域化生产格局形成

每种中药材对生长环境的要求是不一样的，只有在最佳适生区，其优良性状及药效才能很好地表现出来，越界种植时，其抗性、产能及药效均会大打折扣。由于中药材均是由野生状态驯化而来的，因而以原产地为中心，相似环境为辐射的区域化种植是中药材生产的主要特征之一，像陇东的刺五加、独活、大黄、半夏，岷县的当归，渭源、陇西的党参，靖远的枸杞，河西的甘草，等等，均具有明显的地域性。

3. 中药材基地化生产特征明显

中药材的种植主要供加工用，因受季节和生产周期长等客观条件限制，对市场供求变化反应较迟缓，零散种植，难以实现与市场及加工企业有效对接。实现基地化生产，聚力发展，可提升产业竞争力，因而国家大力倡导和建办中药材现代化科技产业基地，以示范引导中药材基地化、规模化发展，在全国形成了相对集中的中药材生产专业化村、专业化乡镇、专业化生产示范县，在专业化村、专业化乡镇及专业化示范县，国家通过建办中药材交易市场，完善贮藏加工设施，完善配套设施，实现以销促产，因而我国中药材基地化生产特征明显。

4. 标准化生产程度提高

近年来国家通过中药材生产质量管理规范和中药材品种 GAP 基地的建立，推广应用中药材现代种植规程，推广统一育苗、统一施肥、统一管理，有效地保证了对中药材种植质量的全程控制，其标准化生产程度大幅提高。

5. 中药材生产的安全性得到提高

近年来，由于国家对高毒高残留农药的禁用，化肥农药零增长措施的实施，绿色无公害生产的倡导普及，商品有机肥生产能力的提高，药材种植过程中质量监管的强化，中药材生产基地的 GAP 认证实施，中药材农药残留物和重金属含量得到了有效降低，中药材生产的安全性得到了有效提高。

6. 产能得到有效提升

随着中药材区域化布局的优化、新品种在生产中的推广、有害生物防控能力的提高、配方施肥措施的应用等的普及，生产中对产量的制约有所缓解，生产能力稳步提高，高产和优质同步，生产效益逐渐提升。如在甘肃主产的中药材党参的生产中，由于渭党 2 号品种的推广，鲜党参亩（1 亩 ≈ 666.7 平方米）产量提高到了 450 千克以上，较传统种植品种增产超过 20%。无独有偶，这一现象在甘肃其他药材的种植中也普遍存在，如种植岷归 2 号亩产鲜当归平均可达到 800 千克以上，可比传统种植品种增产 10% 以上；种植陇芪 2 号品种亩产鲜黄芪平均达 600 千克以上，可比种植传统品种增产 15% 以上；种植半夏新品系 BY-1 亩产平均可达 540 千克以上，较传统种植品种可增产 40% 以上。种植的科学化，大幅度提高了产能。

三、我国中药材生产中存在的问题

近年来，我国中药材产业发生了可喜的变化，但中药材生产中仍存在不少问题，制约着产业的发展，主要表现在：

1. 中药材种植无序特征明显

由于中药材种植技术相对简单，生产周期较短，受销售和库存的影响，种植规模和售价起伏不定，库存量大的情况下，易出现滞销现象，导致种植面积急剧下降，而当库存少时，销售价会快速反弹，很容易出现跟风种植。多年来，中药材"多了是草，少了是宝"的局面没有彻底改变。

2. 中药材生产的标准化程度低

虽然我国中药材总体上呈现基地化生产的特征，倡导推行标准化生产，但在具体种植时，是以户为经营单位的，由于各个农户之间管理水平、投资能力存在较大差异，因而生产出的药材质量也是千差万别的。这不但影响生产效益，更主要的是影响药材的效果。

3. 中药材种植中化学物质的大量应用，导致药效下降明显

中药材都是从野生状态驯化而来的，野生状态下，植株自然生长，生长速度慢，生长周期长，物质积累充分，药用效果好，而人工栽培时，为了获取更大的利益，生产中人为干预增加，特别在肥水管理及有害生物防控方面，大量应用化肥农药，使中药材的生长节奏发生了变化，表现出速生性和高产性，物质积累常

表现不足，药用效果呈下降趋势。

4. 药材采后加工能力不足，初加工不及时，损失严重

药材采后加工是生产中的重要环节，生产中受劳动力及环境条件、气候因素的影响，有的药材在采收后，不能够及时加工，导致霉烂损失严重，影响种植效益的提升。中药材要经过加工实现其价值，总体上我国中药材的加工能力是不足的，特别是药材种植基地，如果没有大型的中药材加工企业作支撑，药材的种植效益是很难提高的。

5. 市场建设滞后，销路不畅，卖难现象普遍存在

大多数药材由于生长周期较短，在种植效益好时，易出现跟风种植，种植面积会快速扩张，而市场建设需要大量资金，往往市场建设跟不上基地扩张，导致所产药材滞销，卖不出去，出现卖难现象。

四、应对策略

1. 认真搞好调研，确定种植品种

在种植药材前，要了解药材的市场行情和库存，对种植前景要认真研究判断，要种植市场需求量大、库存量少的品种，确保药材种植出来后，能卖个好价钱，促进种植效益的提高。

2. 提高标准化生产程度

通过建办龙头企业，实行"企业＋农户＋基地"模式，建办家庭药材种植农场，发展中药材种植合作社方式，施行一村一品、一乡一业等措施，提高药材种植的组织化程度，一方面提高药材种植的标准化程度，另一方面提高应对市场的能力。

3. 实行农药、化肥零增长，提高药效

在药材生产中推行施肥向有机肥回归，控制化学肥料的应用，普及有害生物的生物、物理、农业防控技术，减少化学农药的使用量，推进药材绿色无公害种植，以有效地提高药材的功效。

4. 大力发展加工业，带动药材种植快速发展

在药材种植基地，要多方筹措资金，鼓励社会资金参与，发展药材加工业，提高消化药材的能力，以减少产后损失，提高药材种植效益，促使药材种植业高效运行，以带动药材种植业快速发展。

5. 建办药材交易市场，加快药材流通，实现以销促产

多年的生产经验表明，药材的生产效益与流通密切相关，凡流通渠道畅通的地方，药材种植效益好，就可促进药材种植业快速发展，反之，则药材种植难成气候，因而在规模化种植中药材时，市场建设应先行一步，要保障所产的中药材销路畅通，保证中药材产业的健康发展。

第二章

常用中药材栽培技术

一、丹参栽培技术

【功能及主治】

丹参别名红参、血参，俗名蜂糖罐根。以根入药，性微寒，味苦，具有活血调经、祛瘀生新、清心安神、凉血消痈、消肿止痛等功能。用于治疗月经不调、痛经、产后瘀阻腹痛、关节酸痛、神经衰弱、失眠、心悸、痈肿疮毒等症。

【形态特征】

丹参为唇形科多年生草本植物，株高30～70厘米。根肉质，肥厚，有分枝，外皮土红色，内黄白色，长30厘米左右。茎方形，被长柔毛。奇数羽状复叶，对生，小叶3～7片，卵圆形，边缘有钝锯齿，两面均被有长柔毛。轮伞总状花序，顶生或腋生，花淡紫或白色（图2-1），唇形；小坚果椭圆形，成熟时灰黑色。花期5～7月，果期6～8月。

图 2-1　丹参生长状

【生长习性】

丹参喜温湿，耐瘠薄，抗寒，不耐干旱，在气温－5℃时，茎叶受冻害；地下根部能耐寒，可露天越冬，幼苗期遇到高温干旱天气，生长停滞或死亡。适宜在土层深厚、土质疏松的沙壤土种植，排水不良的低洼地会引起烂根。对土壤酸碱度要求不高，但以弱碱性土壤为好。

丹参植株返青后，3～4月茎叶生长较快，果实成熟后植株枯死，倒苗后重新长出新芽和叶片，进入第二次生长，母株一般生 3～5 个分株，从 4 月上旬开始分枝，并陆续抽出花茎，秋季花茎少，只有春季的 1/3，7～8 月日照时间长有利于根部生长。

【栽培要点】

(1) 整地施肥 栽培丹参应选择土壤肥沃、土层深厚、背风向阳、排灌方便的地块，种植前对土壤要进行深耕，由于丹参以根入药，土壤的疏松程度影响根的生长，因而耕深应在 30 厘米左右，结合耕翻土壤，亩施入充分腐熟农家肥 4000～5000 千克或商品有机肥 500 千克左右，磷酸二铵 35 千克左右，以创造疏松肥沃的土壤条件，为丹参的良好生长创造条件。

(2) 繁殖方法 丹参繁殖方法较多，可用分根、芦头繁殖，也可种子播种和扦插繁殖。

A. 分根繁殖 秋季收获丹参时，选择色红、无腐烂、发育充实、直径 0.7～1 厘米的根条作种根，用湿沙贮藏至翌春栽种。亦可选留生长健壮、无病虫害的植株在原地不起挖，留作种株，待栽种时随挖随栽。春栽，于早春 2～3 月，在整平耙细的栽植地畦面上，按行距 33～35 厘米、株距 23～25 厘米挖深 5～7 厘米的穴，穴底施入适量的粪肥或土杂肥作基肥，与底土拌匀。然后，将径粗 0.7～1.0 厘米的嫩根，切成 5～7 厘米长的小段作种根，大头朝上，每穴直立栽入 1 段，栽后覆盖土灰，再盖细土厚 2 厘米左右。不宜覆盖过厚，否则难以出苗；注意不能倒栽，否则不发芽。每亩需种根 50 千克左右。北方因气温低，可采用地膜覆盖培育种苗的方法。

B. 芦头繁殖 收挖丹参根时，选取生长健壮、无病虫害的植株，粗根切下供药用，将径粗 0.6 厘米以下的细根连同根基上的芦头切下作种栽，按行株距 33 厘米×23 厘米挖穴，与分根方法相同，栽入穴内。最后覆盖细土厚 2～3 厘米，稍加压实即可。

C. 种子繁殖 于 3 月下旬选阳畦播种。畦宽 1.3 米，按行距 33 厘米横向开沟条播，沟深 1 厘米，因丹参种子细小，要拌细沙均匀地撒入沟内，覆土不宜太厚，以不见种子为度。播后覆盖地膜，保温保湿，当地温达 18～22℃时，半个月左右即可出苗。出苗后在地膜上打孔放苗，当苗高 6 厘米时进行间苗，培育至 5 月下旬即可移栽。

D. 扦插繁殖 扦插育苗南方一般在 4～5 月，北方在 7～8 月进行。先将苗床畦面灌水湿润，然后，剪取生长健壮的茎枝，切成长 17～20 厘米插条，将插条斜插入土中，深为插条长的 1/3～1/2，随剪随插，不可久置，否则影响成苗率。插后保持床土湿润，适当遮阴，半个月左右即能生根。待根长 3 厘米时，定植于大田。

以上4种繁殖方法，以采用芦头作繁殖材料产量最高。其次是分根繁殖。

（3）移栽　幼苗培育75天左右即可移栽。可春栽亦可秋栽。春栽于5月中旬，秋栽于10月下旬进行。宜早不宜迟，早移栽，早生根，翌年早返青。栽种时，在畦面上按行株距33厘米×23厘米挖穴，穴深视根长而定，穴底施入适量粪肥作基肥，与穴土拌均匀后，每穴栽入幼苗1~2株，栽植深度以种苗原自然生长深度为准，微露心芽即可。栽后浇透定根水。

（4）大田管理

A. 遮阳　生产丹参的大田用遮阳网覆盖，防止阳光直射，减少土壤水分蒸发。

B. 除草　在丹参植株生长过程中要及时锄草培土，减少杂草与参苗争肥争水争空间的矛盾，保证参苗健壮生长。栽植第一年锄草三次，结合锄草培土两次，第二年锄草两次，培土两次。

C. 追肥　丹参是喜磷钾作物，第一年追肥以氮肥为主，亩施尿素5~7.5千克，以促进茎叶和分枝生长。第二年追肥以磷钾肥为主，亩施磷酸二铵25千克＋硫酸钾10千克，追肥应在丹参拔节期进行。

D. 摘蕾　丹参以根为收获物，花蕾为消耗性器官，生产中应注意及时摘除，以促进养分用于根系生长，促进产量提高。丹参自4月下旬至5月将陆续抽薹开花，为使养分集中用于根部生长，除留种地外，一律剪除花薹。

E. 病虫防治　丹参的病害主要是根腐病，虫害以蚜虫为主，生产中要加强防治，以控制危害，促进丹参健壮生长，以利于产量提高。根腐病以秋季高温多雨时发生严重，可在发病期用600倍液的霜霉威盐酸盐（普力克）或64%噁霜灵（杀毒矾）500倍液灌根防治。蚜虫为害茎叶，田间有蚜虫危害时可喷10%吡虫啉3000倍液进行控制。

（5）收获加工　根的收获可分不同时期进行。分根繁殖、芦头繁殖和扦插繁殖的，可于栽培后当年11月或第二年春季萌发前采挖；种子繁殖的，于移栽后第二年的10~11月或第三年早春萌发前采挖。由于丹参根质脆、易断，故应在晴天、土壤半干半湿时挖取，挖后可在田间曝晒，去掉泥土，运回进行加工，切忌用水洗根。

当根晒至五六成干时，把一株一株的根收拢，扎成小把，晒至八九成干，再收拢一次，当须根也全部晒干时，即成商品药材。北方直接把根晒干即可。

成品丹参以无芦头、无须根、无霉变、根长在7厘米以上为合格品；以根条粗壮、外皮紫红色者为佳（图2-2）。

图 2-2　成品丹参

二、玄参栽培技术

【功能及主治】

玄参具有滋阴、降火、除烦、解毒的功能，主要用于治疗热病烦渴、发斑，骨蒸劳热，夜睡不安，自汗盗汗，津伤便秘，吐血，衄血，咽喉肿痛，痈肿，瘰疬等。

【形态特征】

玄参为多年生草本植物，高 60～120 厘米。根类圆柱形，下部常分叉，外皮灰黄色。茎直立，四棱形，光滑或有腺状柔毛。下部叶对生，上部叶有的互生，叶柄长 0.5～2 厘米；叶片卵圆形或卵状椭圆形，长 7～20 厘米，宽 3.5～12 厘米，先端渐尖，基部圆形或近截形，边缘具钝锯齿。聚伞花序，呈圆锥形，花梗长 1～3 厘米，均被明显的腺毛，花冠暗紫色。蒴果卵圆形，先端渐尖，深绿色，长约 8 毫米，花萼宿存（图 2-3）。花期 7～8 月，果期 8～9 月。

【生长习性】

玄参适应性强，野生的常见于山野路旁、杂草丛中，在疏松肥沃的沙壤地中生长良好。

【栽培要点】

（1）种前要精细整地，为根系的健壮生长创造条件　对准备种植玄参的地块可于前一年秋季进行耕翻，结合耕翻，亩施入优质农家肥 3000～4000 千克作底

图 2-3　玄参植株

肥，秋耕要适当提前，以防田间杂草结籽，增加来年田间除草难度。春季作宽1~1.5米的畦。

（2）繁殖方法　玄参既可用种子播种繁殖，也可用子芽进行无性繁殖，一般用子芽繁殖的苗比种子繁殖的苗粗壮，生长快。

用种子播种繁殖时，可于谷雨前后在整好的地里开浅沟播种，播后覆薄土。

用子芽进行无性繁殖时，于前一年秋季落叶后采挖时，选择根部大如拇指而侧芽少的白色芽剪下，长约3厘米，沙藏窖内至翌年谷雨前后，趁墒按株行距50厘米×30厘米的标准开穴，每穴埋1个，覆土6~7厘米。

（3）田间管理

A. 除草　在幼苗生长过程中，要及时铲除杂草，保证植株健壮生长。

B. 追肥　在苗高15~20厘米及40厘米时分别追一次肥，每次每亩施用商品有机肥100~150千克。

C. 防病　玄参在生长过程中易发生叶斑病，通常在5月下旬植株下部个别叶片开始出现黑褐色大小不等圆形斑点，以后逐渐蔓延至全株，会严重地影响植株的光合作用，不利于产量提高，生产中要加强防治。可从5月上旬开始喷施代森锰锌、多抗霉素（宝丽安）等保护性杀菌剂，以减少病害的发生。

（4）采收　在秋季落叶后采挖，采挖后除去茎叶、须根和泥土，修齐茎头。

（5）干制　玄参可用晒干或烘干法进行加工，一般采用晒干法进行干制，通常将整修好的根在阳光下暴晒5~6天，在暴晒过程中要经常翻动，玄参怕冻，在晒制过程中，如果受冻，则会变成空心，导致质量下降，影响效益，如在晒制过程中温度降至0℃，傍晚应收堆，加盖草帘或棚膜等保温物或移至室内防冻。一般在晒至半干时，可堆积2～3天，使内部变黑，再进行日晒，并反复堆晒，直到完全干燥为止。干品应装入塑料袋内，与空气隔绝，防止返潮发霉变质。一般干燥的根圆柱形，表面黄色或棕褐色，质坚实，不易折断，味甘，微咸，嚼之柔润，以支条肥大，皮细，质坚，芦头修齐，肉质乌黑者为佳（图2-4）。支条小，皮粗糙带芦头者质次。

图2-4　成品玄参

三、党参栽培技术

【功能及主治】

党参为桔梗科多年生草本植物，具有补中、益气、生津的功效。主治脾胃虚弱，气血两亏，肺气不足，津伤口渴，体倦无力，食少，久泻，脱肛等症。

【形态特征】

党参的茎为缠绕的蔓性茎，多分枝，高可达2米左右，幼茎有乳汁。初生茎绿色，生长后期转为淡绿色且稍带紫色，茎上疏生短刺毛，叶色淡绿，叶柄长0.5～3.3厘米，叶片卵形或狭卵形，长1～6厘米，宽1～4.5厘米。花冠宽钟形，淡黄紫色，长1.5～2.3厘米，直径0.8～2.1厘米。种子卵形，棕黄色，千粒重0.26～0.31克。根系淡黄白色。地下茎呈长圆柱形，稍弯曲，长10～35厘米，直径0.4～2厘米，表面黄棕色至灰棕色。根头部有多数疣状突起的茎痕及芽，每个茎痕的顶端呈凹下的圆点状；根头下有致密的环状横纹，向下渐渐稀疏，有的达全长的一半，依栽培品种不同环状横纹少或无；全体有纵皱纹及散在的横长皮孔，支根断落处常有黑褐色胶状物。质稍硬或略带韧性，断面稍平整，有裂隙或放射状纹理，皮部淡黄白色至淡棕色，木部淡黄色。有特殊香气，味微甜（图 2-5）。花期为 8～9 月，果熟期 9～10 月。

图 2-5　党参植株

【生长习性】

党参喜温凉高湿的二阴区；幼苗喜阴湿，大田栽植时喜光照，适宜在疏松肥沃的沙壤土或腐殖土栽培，在海拔 1800～2300 米，年降水 450～550 毫米的半干旱区和二阴生态区种植表现良好。党参忌连作，连作易发生病虫害，影响产量。

【栽培要点】

(1) 参苗培育　党参生长周期为二年，第一年为苗期，管理的关键是培育壮苗。根据生产经验，参苗培育时应注意以下事项：一是要选择丰产性好、抗病性强的渭党 2 号等优良品种新鲜种子，最好采用当年生新种子。二是用种量要适宜，每亩用种子 1 千克左右。三是种子在播前要进行浸种催芽处理，以提高出苗率，通常播种前将种子用 40～45℃的温水浸泡，边搅、边拌、边放种子，待水温降至不烫手为止再浸泡 5 分钟。然后，将种子装入纱布袋内，再水洗数次，置于沙堆上，每隔 3～4 小时用 15℃温水淋一次，经过 5～6 天，种子裂口时即可播种。四是土壤在播种前应进行深翻，以疏松土壤，减少出苗阻力。五要注意适期播种。党参育苗可春播，也可秋播。秋播在秋末冬初进行，一般以 9 月中下旬为宜，在我国北方秋播时，土壤墒情好，有利于全苗。春播在土壤解冻后要及早进行，防止土壤跑墒。六是播后注意覆盖。党参种子顶土力较弱，在播种后要进行覆盖，以利于幼苗出土，覆盖物可用沙石、杂草、地膜等，一般沙石不需撤除，可全程覆盖，杂草、地膜覆盖的可在出苗后撤除。七是苗期管理。在苗期应注意及时除草松土、浇水，保持土壤湿润。

（2）定植 参苗生长一年后，春季或秋季定植，春季3月中下旬至4月上旬，秋季10月中下旬至11月上旬，移栽前每亩地施用充分腐熟的农家肥3000千克或商品有机肥300千克以上，然后耕翻，保持耕翻深度30厘米以上，整平，作宽1.3米的畦，两畦间留30厘米的走道，移栽时将参苗挖起，剔除损伤、病弱苗，按行距20~30厘米开深16~18厘米的沟，株距7~10厘米，将参根斜放于沟内，使根头抬起，根稍伸直，然后盖土填实，盖土以超过芦头7厘米为宜。

（3）党参生长期田间管理

A. 中耕除草　出苗后开始松土除草，减少养分损耗，保证参苗健壮生长。

B. 追肥　定植成活后，苗高15厘米左右，可每亩追人粪尿1000~1500千克，以后视茎、叶、蔓生长状况可不再追肥。

C. 排灌　定植后应灌水，苗活后少灌水或不灌水，雨季及时排水，防止烂根。

D. 搭架　平地种植的参苗高30厘米，设立支架，以便枝叶顺架生长，可提高抗病力，少染病害。有利于参根生长和结实。

（4）病虫害防治 党参生产中危害较重的病虫害有根腐病、锈病、地下害虫等。根腐病一般在土壤湿度大、温度高时发病严重，发病初期，近地面须根变成黑褐色，轻度腐烂。发病严重时，整个根部呈水浸状腐烂，严重影响产量。锈病一般于5月上旬开始发生，6~7月为发病盛期。在发病初期，下部叶片出现浅黄斑，叶背隆起，后期黄斑破裂散出浅黄色的孢子，发病严重时直接影响党参的质量。防治时要注意对症用药，以提高防治效果。在整地时，每亩用1千克50％多菌灵可湿性粉剂加1千克辛硫磷可湿性粉剂与细土混匀，均匀地撒施在播种沟内，可有效地防治根腐病及地下害虫。在雨季注意排水，防止田间积水，导致根腐病大发生；生长期锈病发生时喷800倍硫酸铜钙（多宁）或20％萎锈灵乳油400倍液，每10~15天喷施1次，连喷2~3次，控制锈病的发生。

（5）采收加工 党参多在栽后第二年的白露前后收获，收获挖掘时尽量少伤其根皮；收获后将肉质根上泥土抖掉；按参根直径13毫米以上、10~13毫米、7~10毫米、5~7毫米进行分级；用细绳子将其"头"部串起后即可进行晾晒，其后进行揉搓、清洗、熏蒸、打杈、分级、装箱等加工程序。一般粗大、皮肉紧、质柔润、味甜、嚼之无渣、断面呈微黄色菊花心者为上品（图2-6）。

图 2-6　党参成品

四、珊瑚菜栽培技术

【功能及主治】

珊瑚菜以根入药，其根称为北沙参，又名莱阳沙参、辽沙参，具有养阴清肺，祛痰止咳，益胃生津的功效。主要用于治疗肺燥干咳、热病伤津、口渴等症。

【形态特征】

珊瑚菜全株有毛，基生叶卵形或宽三角状卵形，三出式羽状分裂或 2～3 回羽状深裂，具长柄；茎上部叶卵形，边缘具有三角形圆锯齿。复伞形花序顶生，密被灰褐色绒毛；伞幅 10～14 厘米，不等长；小总苞片 8～12 片，线状披针形；花梗约 30 厘米；花小，白色。双悬果近球形，密被软毛，棱翅状（图 2-7）。根呈细长圆柱形，偶有分枝，长 15～45 厘米，直径 0.4～1.2 厘米；表面淡黄白色，略粗糙，偶有残存外皮，不去外皮的表面黄棕色；全体有细纵皱纹及纵沟，并有棕黄色点状细根痕；顶端常留有黄棕色根茎残基；上端稍细，中部略粗，下部渐细（图 2-8）；质脆，易折断，断面皮部浅黄白色，木部黄色；气味特异，味微甘。花期 5～7 月，果期 6～8 月。

【生长习性】

珊瑚菜适应性强，喜阳光充足、温暖、湿润的环境，能耐寒、耐干旱、耐盐碱，但忌水涝、忌连作。在年均气温 8～24℃，≥0℃积温 4000～9000℃，无霜

图 2-7　珊瑚菜植株

图 2-8　珊瑚菜鲜根

期 150 天以上，最冷月平均气温－10℃以上，最热月平均气温 25℃以上，年降水量 600～2000 毫米地区均生长良好。珊瑚菜种子属低温型，有胚后熟特征，胚后熟需在 5℃以下低温，经 4 个月左右才能完成，未经低温冷藏处理的种子，播种后要晚 1 年出苗。

【栽培要点】

（1）选地整地　选择排水良好土层深厚的沙质壤土作栽培地，地选好后要深翻 45～60 厘米，结合耕翻，每亩施入充分腐熟农家肥 5000 千克、饼肥 50 千克或商品有机肥 500 千克，然后作宽 1～1.3 米的畦。

（2）播种　珊瑚菜可秋播，也可春播，秋播在土壤封冻前进行，春播在 3 月中下旬进行。通常采用宽幅条播，畦内按 20 厘米左右的幅距横向开 4 厘米深的平底沟，沟底宽 12～24 厘米。种子拌沙后按距离 3 厘米撒种，将开第二沟的土覆盖于前一沟中，厚 3 厘米左右，用脚顺行踩一遍。沙质壤土一般每亩用种 5 千克左右，纯沙地用种 6～8 千克。

（3）田间管理 在幼苗生长期要及时除草，保证幼苗健壮生长。幼苗有 2～3 片真叶时，按三角形定苗，株距 3 厘米左右，一般不需浇水，定苗后每亩可追施商品有机肥 100 千克，在秋季雨前每亩施尿素 10～15 千克。珊瑚菜以根入药，开花会消耗大量营养，因而在出现花蕾时，要注意摘除花蕾，以集中营养供根生长，提高产量和品质。

在珊瑚菜栽培过程中，易发生蚜虫及锈病危害，影响植株生长，不利于产量提高，生产中应加强防治。蚜虫一般在 5 月份开始出现，天旱时发生严重，在出现蚜虫危害时，可喷施 3％苦参碱 500 倍液或 10％吡虫啉可湿性粉剂 1500 倍液防治，控制危害。锈病多在秋季发生，当田间叶片出现褪色病斑时可喷施 25％苯醚甲环唑乳油 3000 倍液或 43％戊唑醇 4000 倍液防治。

（4）采收及加工 春播当年 10 月份左右植株枯黄时收挖。秋播的在第二年寒露叶子枯黄时采收。采收时先在地一端用镐头顺栽植行开一深沟，露出根部用手提出，挖出地下茎，收的根不能晒太阳，否则难剥皮，降低产量和质量。将根粗细分开，捆成 1.5～2.5 千克一把，将尾根先放入开水内顺锅转 2～3 圈（6～8秒），再把根全部放入锅内烫烤，不断翻动，使水沸腾，捞出剥皮晒干作为药用（图 2-9）。

图 2-9 成品北沙参

五、人参栽培技术

【功能及主治】

人参有补气、固脱、生津、安神的功效。主治元气虚的体虚脉微、脾胃虚弱、精神倦怠、食欲不振等症,对热病出现的身体烦渴、多汗,气血亏虚引起的心神不安、失眠多梦、惊悸健忘等症也有疗效。

【形态特征】

人参为多年生五加科草本植物,高约 60 厘米,以根入药。茎单一,直立。掌状复叶轮生于茎顶端,一年生者是一枚三出复叶,二年生者是一枚五出复叶,三年生者是二枚五出复叶,四年生以上每年增加一枚五出复叶,最多可达六枚五出复叶。伞形花序生于茎顶,花淡黄绿色,花瓣 5 裂。浆果成熟时红色(图2-10)。主根肥大,根茎短(图 2-11),每年增生一节,习惯称之为"芦头",种植 3 年后才开始结果,花期 6～7 月,果期 8～10 月。

图 2-10　人参植株

【生长习性】

人参喜冷凉湿润气候,适宜斜射光和漫射光照射,忌强光和高温。栽培时需搭荫棚,参畦以上午 10 时以前和下午 4 时以后进光为宜。在排水良好、土层深厚的腐殖质土上生长良好。栽培时以沙质壤土为宜,盐碱土、黏土上生长不良,忌连作。

【栽培要点】

(1) 选地整地　栽培人参前茬以禾本科作物为好,土壤以排水良好的沙质壤

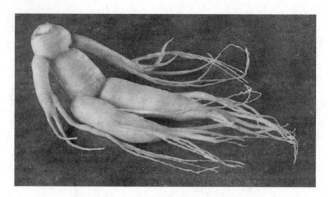

图 2-11 人参鲜根

土为主,种前进行深翻,结合深翻,施入充分腐熟的农家肥料,以增加土壤有机质含量,增加土壤肥力。通常每亩需施用优质农家肥 4000～5000 千克,将肥料均匀撒施地表,旋耕 20～25 厘米深,然后朝南偏东向作垄,垄长依地而定,垄高 25 厘米左右,宽 1.2 米左右,垄间距 1.3～2.6 米。

(2) 繁殖方法 人参以种子繁殖为主。种子采下来就播种,要经过 20～21 个月才能发芽,或经过 8～9 个月催芽处理后播种,第二年就可正常出苗。因人参种子有胚后熟、生理后熟两个过程,完成此过程需要一定的温、湿度条件。在田间条件下,将种子播在 5 厘米深土中,土壤湿度 35% 左右,从播种到种子裂口,土壤的温度以 17～18℃ 为宜。此时土壤温度由高到低的变化大致可分为三个阶段:播种到种胚目视可见圆点为第一阶段,此时平均温度 21℃ 左右;从目视种胚可见圆点到胚占胚乳的 1/2 为第二阶段,平均地温在 17.4℃ 左右;第三个阶段是胚占胚乳的 1/2 到裂口,此时胚乳仍继续生长一个阶段,再经过 3 个多月的低温（5℃ 左右）,至春季气温上升至 11.8～15.2℃ 时,20 天左右萌发率可达 90% 以上。

人参种子的胚发育缓慢,第一年 8～9 月采收的种子需进行后熟,到第三年春才能发芽。采种时选 4～5 年生健壮母株于 8～9 月份采收成熟的果实,放入清水中,用手搓洗,然后将果皮、果肉及不饱满的种子漂去,选饱满种子放通风处阴干。

人参可秋播,也可春播。秋播时,将选好的种子用 1%～2% 的福尔马林液浸种 10 分钟或用 50% 多菌灵 500 倍液浸种 15～20 分钟,再用 50～100 毫克/千克赤霉素浸种 5～7 分钟,捞出晾干,混种子量 5～7 倍的细沙,均匀地撒在畦面上,覆土厚 3 厘米左右,上盖麦草 2～3 厘米,再盖 6～9 厘米的土,覆土后畦面要平,保持畦内湿润。播后第三年春天出苗。

春播的要进行催芽,将种子和细沙按 1:1 混匀,装入事先挖好的坑内（坑的大小按种子多少而定），上面覆土 6～9 厘米，保持土壤湿润，第二年 5 月播种，播种后第二年 5 月出苗。播前种子也要进行消毒处理，播种方法同秋播。

无论春播还是秋播，在土壤解冻出苗前，1～3 年生参苗，透光宜少，在苗床上搭前部高 1 米、后部高 54 厘米的棚，4 年生以上的参苗，透光宜多，在苗床上应搭前高 1.1 米、后高 60 厘米、棚顶有一定坡度的棚，棚搭好后，立即用遮阳网覆盖（图 2-12）。

图 2-12　人参搭棚种植

参苗生长期要注意及时拔除苗床杂草，保持苗床湿润。

（3）移栽　在参苗出苗后的第三年 10 月中下旬或第四年春季土壤解冻后，刨出参苗，剔除病弱苗，按大小分级，将参苗放入 50％多菌灵 500 倍液或 10％大蒜汁液中浸一下，进行消毒，然后按参苗大小，每垄栽大苗 10～12 株，每垄栽中间大小的苗 16～12 株，每垄栽小苗 18～20 株，参苗放置时应自上而下倾斜 45°，边上的两株尾部向里，栽好后覆土。

（4）栽后管理

A. 调光　6 月下旬阳光开始强烈，须在参畦的上方覆盖遮阳网，以防强光直射。

B. 摘蕾　参苗栽植三年后开始结果，人参以根入药，结果会影响产量和质量，因此生产中要摘除花序，以促进养分供根生长，提高产量。作种用的可在第五年开始留种。

C. 水分管理　参苗生长期要注意适时浇水，保持棚内经常湿润，雨后田间不能积水，雨后要及时中耕，保持土壤疏松，结合中耕，铲除杂草。

D. 追肥　人参生长期需肥量大，一般每亩需施草木灰 350～700 千克、农家肥 1000～1500 千克、氮磷钾三元复合肥 60～80 千克，每年进行两次，第一次在

4～5月出苗前进行，第二次在人参展叶期进行，将肥料均匀撒施行间，浅锄覆盖。

E. 参苗冬季保护　在秋冬季参苗干枯后，覆土5～6厘米或盖一层3～5厘米厚的草，以保证参苗安全越冬。

F. 病虫防治　人参栽培过程中易受立枯病、斑点病、疫病、地下害虫危害，影响产量和品质，生产中应加强防治。

立枯病在幼苗期发生较严重，主要侵害茎基部，在出苗展叶期发生，病斑呈黄褐色凹陷，使苗折倒死亡，出苗后要经常检查，田间发现病株后，要及时拔除，并用75%五氯硝基苯浇灌病区，控制危害。

斑点病和疫病可危害植株地上部的所有器官，严重时导致叶片早期落叶，7～8月为发病高峰期，危害初期斑点褐色，呈圆形或不规则形，中间浅褐色，病菌在土壤中越冬，借风雨传播。生产中应及时摘除病叶，发病初期喷72.2%普力克水剂600～800倍液、64%杀毒矾400～600倍液防治。

地下害虫危害时，可用48%毒死蜱乳油500倍液灌根防治。

（5）采收加工　人参一般生长6年即可采挖，当10～11月地上部分快枯萎时，去掉参棚，挖参时注意保持根系完好，防止伤了根须，挖出后摘去芦头和地上茎，将根运回加工。

人参的加工方法较多，主要有：

A. 生晒根　将挖出的参洗刷干净后剪去小根，用硫黄熏后置阳光下晒干即为生晒参，剪下的小根晒干称"白参须"（图2-13）。

图 2-13　成品生晒参

B. 红参加工　选质量重、完整、无病斑的参根，剪去小根，洗刷干净后放在蒸笼里蒸2～3小时，取出后晒干或烘干即为红参，小根捆把后如法炮制称"红参须"（图2-14）。

图2-14　成品红参

C. 糖参加工　将根软、浆液不足的参根洗刷干净，去掉小根，放沸水中浸煮15分钟，捞出后用排针在根上扎眼，扎遍全参，但不要穿透，然后放入煮好的浓糖汁中浸糖，第二天取出晒干或烤干即成"糖参"（图2-15）。小根捆把后如法炮制称"糖参须"。

图2-15　成品糖参

D. 副产品及加工　人参芦头经蒸煮并干燥称之为"红参芦"，用糖汁浸泡并干燥后称为"糖参芦"，二者均有催吐作用。

浸过参的糖汁浓缩后切制成块状，称之为"参糖"，蒸红参时渗出的汁液落在蒸锅水中，用以蒸煮破碎的参须使成为褐色稠膏状，称之为"参膏"，也有补虚壮体的作用。

人参叶、茎及叶柄均有生津、去暑、降虚火的作用。

一般全须参以体轻、饱满、芦须全、深土黄色、皮老而细、横纹深者为佳。

生晒参以体轻、饱满、去净芦须、深土黄色、皮细、无破疤者为佳。

红参以体质坚实、棕色或棕黄色、有皮有肉、无黄皮破疤者为佳。

糖参以表皮黄白色，体质充实，不返糖，无浮糖、破疤者为佳。

（6）包装贮藏 带芦、根须完整的参可单个装入盒中，供出口。一般的可10个一捆，捆成小把，装入箱中，放干燥处，防虫蛀，防霉。

六、西洋参栽培技术

【功能及主治】

西洋参原产加拿大、美国。为多年生五加科草本植物，以根入药，为名贵中药之一，以凉补著称。具有益肺气、清虚火、生津止渴的功效。主治肺虚久咳、失血、咽干口渴、虚热烦倦等症。

【形态特征】

西洋参株高 70 厘米左右。端生茎，茎类圆柱状。叶为掌状复叶，无毛。小叶多五枚，呈倒卵形，基部楔形，边缘有锯齿。随生长年限叶片数可逐年增多，一般四年后叶数不再增加。二、三年始花，伞形花序，花瓣 5 枚，淡绿色。浆果红色扁圆（图 2-16）。根纺锤形，少有分叉，肉质根（图 2-17）。

图 2-16　西洋参生长情况

【生长习性】

西洋参喜凉爽湿润气候，忌炎热、干燥气候（30℃以上生长不良），怕雨淋、日晒（生长期要搭荫棚，挡阳），较耐寒（−15℃），适应微酸性或中性土壤，在腐殖质含量高的土壤上生长良好。

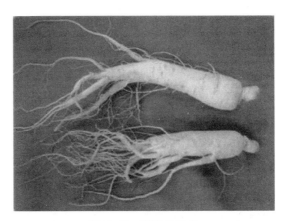

图 2-17 西洋参鲜根

【栽培要点】

(1) 选地整地 栽培西洋参的地块要求有一定的坡度，土壤要含有丰富的有机质、通透性良好，在栽前要深耕，耕深应在 30 厘米以上，结合耕翻每亩施充分腐熟的农家肥 8000～10000 千克，然后按畦距 50 厘米的标准，作宽 150 厘米、中间略高、南北走向的畦。畦作好后每亩用 50% 多菌灵 6～7 千克、48% 毒死蜱 1000 倍液施于畦面稍翻，以灭菌和杀灭地下害虫。

(2) 繁殖方法 以种子繁殖为主，每年在 8 月间果实鲜红时采摘果实，搓去果肉洗净，挑出秕、病种子，用 3% 石灰水或 50% 多菌灵 500～600 倍液浸种 5 分钟，捞出用水冲洗一下与沙子按 1∶3 混匀放入木箱或沙盆内，箱或盆口用草覆盖置于阴凉室内或就地平埋。种子播前要进行催芽，催芽时秋季温度控制在 20℃ 左右，冬季温度控制在 0～5℃ 之间，春季温度控制在 20℃ 左右，将种子从箱或盆中倒出，每 10～15 天上下翻动一次，挑出霉坏种子，催芽过程中要保持沙土湿度适宜，沙土含水量应控制在 5%～10% 之间。春季土壤解冻后，用薄木板在参畦地按行距 5～10 厘米、株距 3 厘米的标准打线压穴，穴深 1～2 厘米，每穴中点播 1～2 粒种子，然后覆土，秋季播种的再在上面覆 5～10 厘米的麦草或杂草。

(3) 移栽 育苗出土 1 年即可移栽（根苗过小时可两年移栽），春季土壤解冻后，将苗挖出，挑出病虫苗、弱苗，准备栽植用的苗用 50% 多菌灵 500～600 倍液浸根消毒。在整好的栽植地上按行距 20～25 厘米、株距 10～15 厘米的标准，挖深 5～8 厘米的穴，将参苗斜放或平放，覆土 3～4 厘米，适当遮盖杂草。

(4) 栽后管理

A. 搭棚 参苗生长期忌阳光直射，需搭棚遮阴，搭前部高 1 米、后部高 54 厘米的棚，4 年生以上的参苗，透光宜多，在苗床上应搭前高 1.1 米，后高 60

厘米，棚顶有一定坡度的棚，棚搭好后，立即用遮阳网覆盖（图2-18）。

图 2-18　西洋参搭棚栽培

B. 除草　参苗幼苗期生长缓慢，易出现草荒现象，影响参苗生长，生长期要及时除草，保证畦内无杂草，以促进参苗健壮生长。

C. 追肥　7～8月份参苗旺盛生长期可喷施0.2%～0.3%的磷酸二氢钾进行营养补充，在生长后期可在参畦内适当追施氮磷钾三元复合肥。

D. 打蕾　在花蕾开放前，摘除花蕾，以减少营养消耗。

E. 病虫防治　同人参。

（5）采收加工　西洋参栽植4年后就可收获，采收要在秋季参叶变枯后进行。将根挖出用清水洗净，去除须根及细分叉的根，置室内炕干或烘干，烘烤时要经常翻动，保持温度在30～35℃之间，直到烘干。

西洋参以身干粗壮、肥胖、无细分根、无须根、黄白或乳白，断面平整、色淡黄，质坚体轻，气味浓，甘中带苦者为佳（图2-19）。

图 2-19　成品西洋参

七、白及栽培技术

【功能及主治】

白及性苦、甘、凉，以块茎入药，具有补肺、止血、消肿、生肌、敛疮的功效。用于治疗肺伤咯血，衄血，金疮出血，痈疽肿毒，汤火烧伤，手足皲裂，溃疡疼痛等。

【形态特征】

白及为兰科多年生草本植物，茎直立，高30～40厘米。叶3～5片，披针形或广披针形，长15～30厘米，宽2～6厘米，先端渐尖，基部下延或长鞘形，全缘。总状花序，花3～8朵，淡紫色或黄白色，唇瓣倒卵形（图2-20）；蒴果圆柱形，长3.5厘米，直径1厘米，栗色，具6条纵棱。块茎肥厚肉质，连接不规则三角状卵形厚块，略扁平，直径1～2厘米，常几块并生，白黄色，须根淡黄色，纤细（图2-21）。花期4～5月，果期7～8月。

图2-20　白及生长状

【生长习性】

自然生长的白及主要分布于海拔800米以下的疏林下或山坡杂草丛中。喜温暖、阴湿的环境。稍耐寒，耐阴性强，忌强光直射，夏季高温干旱时叶片容易枯黄。适宜在排水良好含腐殖质多的沙壤土上生长。

白及具有"V"字形的块状假鳞茎，可以为春天萌发提供大量能量及营养物质，也可以提高自身的抗旱、抗寒能力。

白及可以地生也可以附生。根可以吸在石头上生长，常常埋于苔藓层的下

图 2-21 白及块茎

方。白及的种子极细小，似粉末状，没有胚乳，只有几个细胞构成的发育不完全的胚，需在湿润的苔藓上发芽。白及的初生假鳞茎是圆球形的，当生长到一定程度才能形成"V"字形。

白及的花粉呈块状不易散开，所以在授粉上也不是很有利。

【栽培要点】

(1) 繁殖方法　白及种子细小，寿命短，人工有性繁殖较困难，目前生产中主要以无性繁殖为主，一般于春季4月中旬或秋季8～9月，挖掘块茎，分切成小块，每块保留1～2个芽，按株距15厘米的标准挖穴播种，种后覆土3厘米左右。

(2) 整地施肥　白及适应性强，但要进行效益型生产，必须选择排水良好、肥沃的沙壤土栽培，在播种前每亩应施用充分腐熟的农家肥3000～4000千克或商品有机肥400千克左右作基肥，将肥料均匀撒施地表，然后用旋耕机进行旋耕，控制耕深在25～30厘米之间，然后作高30厘米，宽60厘米，垄沟宽20厘米左右的垄，垄用黑色地膜进行覆盖。

(3) 除草　杂草易与白及竞争营养、水分，影响白及的生长，生产中应注意及时铲除，以保证白及生长的顺利进行。

(4) 追肥　在每年春季开始拔节时追肥一次，每次亩施用磷酸二铵10～15千克。

(5) 采收　白及需生长3～4年，才可成熟作药用，在播种后3～4年可在秋季茎叶干枯后挖掘采收，采收时除去残留茎、须根，洗净泥土，进行加工。

(6) 加工　采收后清洗干净的白及要先进行蒸煮，放沸水中煮5～10分钟，取出烘至全干。通常需蒸煮至内无白心，然后剥去粗皮，再进行晒干或烘干。干燥块茎呈掌状扁平形，有2～3个分枝，表面黄白色，有细皱纹，上有凸起的茎痕，质坚硬，不易折断；横切面呈半透明状，以肥厚、个大、坚实、色白明亮、无须根者为佳品（图 2-22）。

图 2-22　成品白及块茎

八、防风栽培技术

【功能及主治】

防风性辛、甘、温，以根入药，具有解表祛风，胜湿止痉，止泻止痛的功效。主治外感风寒，头痛，目眩，项强，风寒湿痛，骨节酸痛，四肢挛急，破伤风等。

【形态特征】

防风为伞形科多年生草本植物。茎直立，二歧分枝，高 30～80 厘米，全体无毛。茎生叶三角状卵形，长 7～9 厘米，2～3 回羽状分裂，最终裂片条形至披针形，全缘；叶柄长 2～6.5 厘米，具展开叶鞘（图 2-23）。复伞形花序，顶生，具花 4～9 朵，花瓣 5 个，白色，倒卵形，凹头，向内卷。根粗壮垂直生长，顶端密被棕黄色纤维状态的叶柄残茎（图 2-24）。花期 8～9 月，果期 9～10 月。

【生长习性】

防风喜凉爽气候，耐寒耐旱，怕涝怕湿，对生长环境要求不严，适宜在地势高燥、排水良好的沙质壤土或含石灰质的壤土种植，在强酸性或黏土上种植生长不良。

图 2-23　防风植株

图 2-24　防风鲜根

【栽培要点】

(1) 繁殖方法　防风繁殖方法较多，既可用种子播种繁殖，也可用截根繁殖。繁殖时间通常在 4 月或 10 月。播种繁殖时，每亩用种子 2.5 千克左右进行条播，播后覆浅土。截根繁殖时，应选用粗壮新鲜的根头，截成长 10～15 厘米的根段，按株距 20～25 厘米的间距挖穴，把种根插于穴内，覆土与根顶部毛头持平或稍露，每亩需种根 40 千克左右。

(2) 田间管理

A. 除草　人工栽培时，在幼苗期，田间极易出现杂草，杂草的生长会与防风幼苗争肥争水争空间，严重地影响防风幼苗的生长，因而要及时铲除杂草，以便集中营养供防风生长，提高产量。

B. 追肥　防风追肥应以速效性的人粪尿或有机肥为主，也可用磷酸二铵，一般在封垄前在行间施用，可将肥料均匀撒施行间，然后进行中耕，将肥料埋入土中，通常每亩施用人粪尿 2000 千克左右，商品有机肥 100 千克左右，磷酸二铵 15 千克左右。

C. 摘花 防风是以根为采收器官的，在植株生长过程中，要注意抑制地上部的生长，促使营养向根部转移，以利于提高产量，在开花现蕾期，除留作结种外，应及时摘除花蕾，以减少植株养分消耗，促进根部发育。

（3）采收 防风生长 2～3 年后，可在秋季落叶后或春季发芽前进行采收，采收时从地的一端开始将根挖出，挖时应注意保持根完整，以提高商品性。

（4）病虫害防治 防风生产中常见的病虫主要有白粉病和黄凤蝶。白粉病主要在夏秋季危害，防治时应注意保持田间通风透光，及时摘除发病组织，集中烧毁，发病初期用 70％甲基硫菌灵可湿性粉剂 800 倍液喷洒；黄凤蝶以幼虫危害叶与花蕾，在田间出现虫害时可喷施 3％啶虫脒 1500～2000 倍液进行控制。

（5）加工 采收后的防风应除净茎叶及泥土，晒至八成干，绑成小捆，晒至全干。一般成品呈圆锥形或纺锤形，稍弯曲，长 20～30 厘米，根头部直径约 1厘米，中部直径 1～1.5 厘米，表面灰黄色或灰棕色，头部有密集的细环节，上有棕色粗毛，顶端有茎的残痕。质松而软，气微香，味微甘，易折断，断面有棕色环印，中心色淡黄者为佳（图 2-25）；外皮粗糙，有毛头，带硬残苗者质次。防风易被虫蛀，可用硫黄熏一次后装箱置通风干燥处保存。

图 2-25 成品防风

九、地黄栽培技术

【功能及主治】

生地为玄参科地黄的根茎，具有滋阴养血的功效。用于治疗阴虚发热，消渴，吐血，衄血，月经不调，胎动不安，血崩，阴伤便秘等症。

【形态特征】

地黄为多年生草本植物，高 10～40 厘米，全株红褐色披灰白色柔毛及腺毛，茎直立，单一或由基部分生数枝。根出叶丛生，叶片倒卵形或长椭圆形，长 3～10 厘米，宽 1.5～4 厘米，先端钝，基部渐狭，下延成长叶柄，边缘具不规则钝齿，叶面多皱；茎生叶比根出叶小。花多柔毛，生于茎上部，总状花序，花萼钟状，长 1.5 厘米，先端 5 裂，花冠开阔，筒状，稍弯曲，长 3～4 厘米，紫红色或淡黄色，偶淡黄色。蒴果卵形或卵圆形，先端尖，花萼宿存（图 2-26）。种子细小，多数。根茎肉质肥厚，块状，圆柱形或纺锤形（图 2-27）。花期 4～5 月，果期 5～6 月。

图 2-26　地黄植株

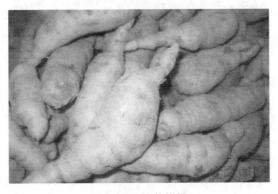

图 2-27　地黄鲜根

【生长习性】

地黄适应性强，野生的常见于排水良好的山间路旁，向阳山坡杂草丛之中。地黄喜排水良好、疏松肥沃的土壤，在黏重土壤、排水不良或地下水位高的地方生长不良。

【栽培要点】

(1) 整地施肥 种前要精细整地，为根系的健壮生长创造条件。准备种植地黄的地块可于前一年秋季进行耕翻，结合耕翻，亩施入优质农家肥 3000～4000 千克作底肥，秋耕要适当提前，以防田间杂草成籽，增加来年田间除草难度。春季做宽 1～1.5 米的畦。

(2) 繁殖方法 地黄可用种子播种繁殖，也可用根段进行无性繁殖。

播种繁殖时一般在谷雨前后趁墒播种育苗，把种子均匀撒入畦面，用扫帚轻扫，使种子似盖非盖，然后用草或地膜覆盖保墒，苗出齐后趁傍晚或阴天分两次揭草；覆盖地膜的，揭开地膜两头或两边，换气炼苗 3～5 天，然后揭膜。苗高 10～15 厘米时，按株行距 30 厘米×40 厘米的标准进行移栽，栽后及时浇水，保持土壤湿润，以利于成活。

无性繁殖时，可选健壮的根茎，折成 3～6 厘米长的小段，按 30～40 厘米株行距在整好的地内开穴，每穴栽 1 段，覆土厚 3～6 厘米。

(3) 田间管理

A. 中耕除草 出苗后要及时铲除田间杂草，保证幼苗健壮生长。

B. 追肥 在苗高 20 厘米左右时，及时进行追肥，补充营养。追肥应以油渣、人粪尿和磷酸二铵为主，施肥量要根据植株长势灵活掌握，一般油渣每亩施用量应在 200 千克左右，人粪尿施用量应在 500 千克以上，磷酸二铵施用量应在 15 千克左右。

C. 摘花 地黄药用根茎，抽薹开花会消耗植株养分，不利于根系生长，因而应在现蕾后及时摘除花蕾，避免养分消耗，以利于根系健壮生长，提高产量。

D. 病虫害防治 危害地黄的病虫主要有斑枯病、红蜘蛛等。斑枯病、红蜘蛛主要危害叶片，影响光合作用的进行，不利于产量提高，生产中应加强防治。在斑枯病发病初期用 70% 代森锰锌 800 倍液喷洒，红蜘蛛危害时可喷 1.8% 阿维菌素 5000 倍液进行控制。

(4) 采收 秋季落叶后采挖根茎，采收后及时除去茎叶、泥土、须根。

(5) 加工 目前生地一般采用烘干法进行加工，烘干时，先把烘干炉（箱）预热至 40℃ 左右，然后将整理好的地黄根茎单摆在烘架上，半小时后加温至 60℃，随时上下挪动烘架，翻动根茎，并打开排气孔排湿至根茎逐渐干燥而颜色变黑、整体柔软、外皮变硬时可取出。没有烘干设备的，可用晒干法进行干制。

一般成品呈不规则圆形或长圆形块状，表面灰棕色或灰黑色、皱缩不平，不易折断，气微香，味微甜，以肥大体重、断面黑乌油润者为佳（图2-28）。

图 2-28　成品地黄

十、桔梗栽培技术

【功效及主治】

桔梗为桔梗科多年生草本植物，以根入药，具有宣肺祛痰、排脓的功效。主治外感咳嗽、咽喉肿痛、肺痈吐脓等症。

【形态特征】

桔梗高约66厘米，分枝，茎直立，全株无毛，茎、叶、花、果肉有乳汁，叶对生或轮生。花单生，钟状，蓝紫色或白色（图2-29）。根肉质肥大，圆锥形，黄褐色（图2-30）。花期6～9月，果期7～10月。

图 2-29　桔梗植株

60种常用中药材栽培技术

图 2-30　桔梗鲜根

【生长习性】

桔梗喜温和湿润的气候，耐寒，喜阳光，忌积水，在富含腐殖质的沙壤土上生长良好。

【栽培要点】

(1) 选地整地　选择避风、向阳、排水良好的地块种植桔梗。在土壤解冻后进行深翻，耕翻深度 30 厘米以上，结合深翻，亩施入充分腐熟农家肥 4000～5000 千克，磷酸二铵 25 千克左右作底肥，整平耙细，作畦。

(2) 繁殖方法　桔梗以种子繁殖为主，可直接播种，也可进行育苗移栽。

A. 直接播种　在谷雨前后，将种子浸泡在 50℃ 的水中，搅拌至室温，浸泡12 小时左右，捞出装入湿布袋中，放在 25～30℃ 的环境下催芽，3～4 天后种子萌动即可播种。有条件的在整好的地上先浇透水，待水稍干后，按行距 20～24厘米的标准，开深 1 厘米的沟，将种子与 5～7 倍的细沙混匀，撒播于沟内，盖土稍压实，半月左右即可出苗。

B. 育苗　在清明前后，在向阳避风的地上作好苗床，浇透水，然后按行距9 厘米的标准开深 1 厘米的沟，将浸种催芽的种子混沙撒于沟内，覆土稍压实，苗床用草帘或塑料薄膜覆盖，保温保湿，10 天左右即可出苗，在苗高 4～6 厘米时间苗，苗高 6～9 厘米时按行距 20～24 厘米、株距 9 厘米的标准移栽到大田。

(3) 田间管理

A. 间苗　直播的桔梗，在苗高 4～6 厘米时按株距 9 厘米的标准进行间苗，拔除过密苗。

B. 除草　在桔梗幼苗期要及时清除田间杂草，减少杂草对土壤养分、水分的消耗，以促进桔梗苗健壮生长。

C. 追肥　在苗高 15 厘米左右时，每亩施氮磷钾三元复合肥 10～15 千克，在开花前施磷酸二铵 15 千克左右。

D. 病虫防治　主要以地下害虫危害为主，可采用炒香的麦子拌毒死蜱诱杀，控制危害。

（4）采收加工　栽植二到三年的桔梗，在秋季地上部枯萎后或春季萌动前进行采挖，挖出后去净茎叶、泥土并用清水浸泡，趁鲜用竹刀刮去外皮（桔梗外皮有毒不刮去不能药用），洗净晒干即可。

桔梗以根条粗长均匀，外皮白净，质坚，断面白肉、黄心者为佳（图 2-31）。

图 2-31　成品桔梗

十一、菘蓝栽培技术

【功能及主治】

菘蓝是十字花科植物，以根（板蓝根）、叶（大青叶）入药，具有清热，解毒，凉血的功效。主治丹毒，温毒发斑，神昏吐衄，咽肿，痄腮，火眼，疮疹，舌绛紫暗，喉痹，烂喉丹痧，痈肿；可预防流行性乙型脑炎、急慢性肝炎、流行性腮腺炎、骨髓炎。

【形态特征】

菘蓝为一年生或二年生草本植物，植株高 50～100 厘米，光滑被粉霜。基生叶莲座状，叶片长圆形至宽倒披针形，长 5～15 厘米，宽 1.5～4 厘米，先端钝尖，边缘全缘，或稍具浅波齿，有圆形叶耳或不明显；茎顶部叶宽条形，全缘，无柄。总状花序顶生或腋生，在枝顶组成圆锥状；萼片 4 枚，宽卵形或宽披针形，长 2～3 毫米；花瓣 4 枚，黄色，宽楔形，长 3～4 毫米，先端近平截，边缘全缘，基部具不明显短爪；雄蕊 6 枚，4 长 2 短，长雄蕊长 3～3.2 毫米，短雄蕊长 2～2.2 毫米；雌蕊 1 枚，子房近圆柱形，花柱界限不明显，柱头平截（图 2-32）。短角果近长圆形，扁平，无毛，边缘具膜质翅，尤以两端的翅较宽，果瓣具中脉。种子 1 颗，长圆形，淡褐色。根肥厚，近圆锥形，直径 2～3 厘米，长 20～30 厘米，表面土黄色，具短横纹及少数须根（图 2-33）。花期 4～5 月，果期 5～6 月。

图 2-32　菘蓝植株

图 2-33　菘蓝鲜根

【生长习性】

菘蓝对气候和土壤条件适应性很强，耐严寒，喜温暖，但怕水渍。

种子容易萌发，15～30℃范围内均发芽良好，发芽率一般在80%以上，种子寿命为1～2年。

菘蓝正常生长发育必须经过冬季低温阶段，方能开花结籽，故生产上就利用这一特性，采取春播或夏播，当年收割叶子和挖取其根，种植时间为5～7个月。如按正常生育期栽培，仅作留种用。

【栽培要点】

(1) 栽植地选择　菘蓝对气候的适应性很强，是一种深根系药用植物，主根长可达40～50厘米，故应选地下水位低、排水良好、疏松肥沃的沙质壤土或河流冲积土种植。过沙、过黏、低洼地生长不良，易分叉。菘蓝是耐肥、喜肥性较强的草本植物，肥沃和土层深厚的土壤是菘蓝生长发育的必要条件。地势低洼、易积水、黏重的土地，不宜种植。

(2) 整地　疏松的土壤有利于菘蓝生长，因而在播种之前应精细整地，结合整地，施足肥料，为菘蓝健壮生长创造条件。一般深翻深度应在30厘米以上，结合深翻每亩施入充分腐熟的优质农家肥5000千克以上，尿素25千克以上，过磷酸钙50千克以上，硫酸钾30千克以上，先将肥料均匀撒施地表，然后耕翻，翻后耙平作畦，畦宽2米左右，两畦之间留25～30厘米走道，以方便田间作业。

(3) 播种　菘蓝在陇东以春播为主。在3～4月土壤墒情好时随时可以播种。播种前，要对种子进行烫种处理，以提高出苗率。一般每亩用种量为1.5～2千克。播种前用40℃的温水浸种24小时，捞出，晾干表层，然后在整好的畦面上按行距开宽25～30厘米、深3厘米左右的沟，将种子均匀撒在沟内，覆土1.5～2厘米，稍加镇压。可使苗齐、苗全，播后7～10天可出苗。

(4) 菘蓝生长期的管理

A. 间苗定苗　当苗高3～5厘米时，按苗距4～6厘米进行间苗，剔除小苗、弱苗，留壮苗；当苗高7～10厘米时，按苗距8～10厘米进行定苗。苗距太小时，根小，叶片不肥厚，苗距过大，主根易分叉，须根多，条不直，产量降低。

B. 追肥浇水　定苗后可追施一次人粪尿水或无机肥。生长中后期，可叶面喷施0.2%的磷酸二氢钾2～3次。天旱时注意浇水，以利于菘蓝正常生长。

C. 病虫防治　菘蓝易受霜霉病、菌核病、根腐病、菜粉蝶、蚜虫危害，生产中应有针对性地进行防治，以减少损失，提高生产效益。田间发现霜霉病病株后，要及时拔除，集中烧毁或深埋，大田及时喷 200～300 倍液 40％的三乙膦酸铝进行防治，7～10 天一次，连续 2～3 次。6～7 月田间发现菌核病后，及时用 1000 倍液 50％多菌灵可湿性粉剂喷雾防治，7～10 天一次，连续 2～3 次。田间发现根腐病后，及时用 70％甲基硫菌灵（甲基托布津）可湿性粉剂 1000 倍液对得病植株进行灌根，控制危害。5～6 月田间有菜粉蝶及蚜虫危害时，可用 10％吡虫啉 3000 倍液加 1500 倍除幼脲（灭幼脲 3 号）喷防。

（5）采收加工 菘蓝的叶及根均可药用，一般每年收割大青叶 2～3 次，第一次在 6 月中旬；第二次在 8 月下旬；第三次结合收根，割下地上部，选择合格的叶片入药。采收时选择晴天，这样既利于植株重新生长，又利于大青叶的晾晒，以获取高质量的大青叶。具体方法：用镰刀在离地面 2～3 厘米处割下大青叶，这样既不伤芦头，又可获取较高产量。根在冬季土壤封冻前采收，采收时用镰刀在离地面 2～3 厘米处割下叶片，不要伤到芦头，捡起割下的叶片，然后从畦头开始挖根，用锹或镐深刨，一株一株挖起，捡一株挖一株，挖出完整的根。注意不要将根挖断，以免降低根的质量，捆绑晒干（图 2-34）。

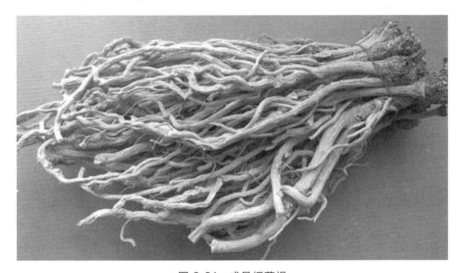

图 2-34　成品板蓝根

十二、黄芪栽培技术

【功能及主治】

黄芪为多年生豆科草本深根性植物。根供药用。具有补气升阳，固表止汗，利水消肿，敛疮生肌的功效。主治气虚乏力，中气下陷，久泻脱肛，便血崩漏，表虚自汗，痈疽难溃，久溃不敛，血虚萎黄，内热消渴。

【形态特征】

茎直立，分枝；叶互生，奇数羽状复叶，小叶13～37片，叶柄部具三角形或披针形的托叶；叶较小，椭圆形或卵圆形，长3～8毫米，叶背有毛，叶面无毛；总状花序腋生，比叶长，有花5～15朵，花黄白色、红色、紫红色（图2-35）；荚果膜质，长椭圆形，一侧边缘弓形弯曲，膨胀、光滑无毛，淡绿色或淡紫红色。种子棕褐色，千粒重7.75克左右。主根深，长圆锥形，稍带木质，外部深红色。

图 2-35　黄芪植株

【生长习性】

在海拔1800～2500米、年降水量450～600毫米的半干旱区、二阴区和高寒阴湿区表现良好，喜凉爽气候，耐旱耐寒，怕热怕涝，中性、微碱性土壤上生长良好，疏松、肥沃、通透性良好的土壤上栽培有利于高产，在黏土或重盐碱地上生长不良。

【栽培要点】

(1) 整地　选择三年内没有种植过豆科植物的地块作种植地，最好在种植的前一年秋天，深翻土地30厘米左右。结合深翻每亩施优质农家肥4000～5000千克，尿素25千克左右，过磷酸钙50千克左右，硫酸钾30千克左右作底肥，整平耙细，以创造疏松肥沃的土壤条件，为根系的生长打好基础。

(2) 育苗 选择地上分枝少，地下根条肥大，条直，侧根少，须毛少，产量高的品种种植，甘肃生产中应用的主要为陇芪2号。黄芪种子外被果胶质角质层，吸水力差，发芽率低且不整齐，在播种前一定要进行种子处理，以提高发芽率。通常将干种子掺上种子重量2/3的干细沙，在石碾上碾60～70圈，边碾边翻动，使其碾压均匀，碾至种皮由棕色变暗。经此处理后，再浸种5小时，用水淘出已吸水膨胀的种子，即可播种。黄芪或春播，或秋播，一般春季以3月下旬至4月上旬播种为宜，播种时在平地做宽1.2米，高0.3米，长依地势而定的苗床。在整好的苗床上开深3～5厘米的播种沟，沟与沟之间间隔3厘米，将种子均匀撒入沟内，覆土2～3厘米，镇压一次。应保持床土湿润。播后15～20天出苗，当苗高6厘米时除草松土，每年除草3～4次。在黄芪幼苗高7厘米左右，有复叶3～4片时，结合除草间苗，保持株距3厘米左右，当苗高10厘米左右时，按株距10～13厘米留苗。

(3) 移栽 在10月中上旬对所育苗进行移植。在打好的垄上用犁开15厘米宽的沟，沟深依苗根的长度而定，按株距20厘米，将苗单株或双株的根斜放于沟内，使芦头排列整齐，覆土10厘米，用脚踏实土壤。

(4) 田间管理 黄芪生长过程中，田间管理应重点抓好以下四方面，以保证植株健壮生长，提高产量。

A. 及时中耕除草及摘花，减少养分损耗 苗高7～10厘米时，要进行中耕除草，每年可进行3～4次。在现蕾期，及时摘除花蕾，并打去即将成为花序的顶心，促使养分向根部转移，以利于提高产量。

B. 适时定苗 直播地苗高7～10厘米，结合松土除草按株距15～20厘米定苗。

C. 雨季注意排水 黄芪地最怕积水，常因排水不良导致黄芪害病。因此，雨季应及时排水。

D. 防治病虫害，减少生产损失 危害黄芪的主要病虫有白粉病、根腐病、食心虫、蚜虫等，生产中应注意防治。一般白粉病发生时可用50%多菌灵600倍液进行喷洒，根腐病发生时可用70%甲基硫菌灵（甲基托布津）800倍液灌根，食心虫和蚜虫多发生在6～7月，可用10%吡虫啉3000倍液喷洒。

(5) 采收 一般在移栽后第二年采收，但质量不及生长5～6年的好。采收应在10月中下旬进行，采收时从地的一端挖起，挖出后的根，剁去芦头，晒至八成干时捆成2千克一捆。晒至全干贮存。

黄芪以条干粗长，质坚而绵，粉性大，味甜，无芦头，无损皮，无虫蛀，无须毛根的为好（图2-36）。

图 2-36　成品黄芪

十三、黄芩栽培技术

【功能及主治】

具有清热燥湿、止血安胎的功效。主治肺热咳嗽、血热妄行、胎动不安等。

【形态特征】

黄芩为多年生唇形科草本植物，以根入药。株高 30～60 厘米，茎四棱形，基部多分枝；单叶对生，叶披针形，全缘；总状花序顶生，花偏生于花序一边，花唇形，紫色（图 2-37）；坚果球形，黑褐色；宿根圆柱形，棕褐色（图 2-38）；花期 6～10 月，果期 8～10 月。

【生长习性】

黄芩喜温暖凉爽气候，耐寒耐旱，怕涝，田间积水时易导致黄芩烂根死亡，在中性、肥沃的沙壤土上生长较好。忌连作。

【栽培要点】

（1）选地整地　黄芩对种植地要求不严，一般土地均可种植，为了提高产量和种植效益，在播种前每亩应施农家肥 3000 千克以上，过磷酸钙 25 千克左右，以培肥地力。将肥料均匀撒施地表，然后旋耕 30 厘米左右，细耙整平待播。

图 2-37 黄芩植株

图 2-38 黄芩鲜根

（2）播种 黄芩一般用种子繁殖，种子质量直接影响出苗情况，陈种子发芽率低，生产中一定要注意选择新种子播种。可春播也可秋播，可撒播也可条播，春播在春季土壤化冻后进行，秋播在 7～8 月雨后进行，播种对土壤墒情要求较高，土壤墒情差时出苗率低，因而秋播时最好在雨后墒情好时乘墒播种，以提高出苗率。条播时按行距 20～25 厘米的标准开深 1.5～2 厘米的浅沟，每亩用种 1 千克左右，播种时用 1 份种子与 5～6 份细沙混匀播种，以利于播种均匀。

（3）田间管理　出苗前用作物秸秆或遮阳网覆盖，降温保墒，以利于出苗，出苗后撤除覆盖物，苗高 5～7 厘米时，按苗距 6 厘米的标准定苗。在幼苗期，易出现草害，影响幼苗生长，要及时铲除，以保证幼苗健壮生长。现蕾期，植株需要的养分量增加，要及时补养，可每亩追施尿素 15 千克左右，以保证植株健壮生长。翌春苗现行时，每亩追土杂肥 2000 千克或磷酸二铵 10 千克左右，在花蕾期摘除花蕾，保证养分用于根的生长，促根长大，提高产量。

（4）采收　播后 2～3 年为采收适期，黄芩生长年龄过小，采收后质量不好，根部药用价值小，年龄过老，则根部出现空心，影响质量和产量。每年 11 月收获，收获时刨出根，剪去茎叶，抖掉泥土，晒至半干时撞去粗皮，继续晒干。晾晒时要注意避雨，防止潮湿，以提高产品质量。

黄芩以根条粗大、色黄、质坚、皮内部带紫色的为上品（图 2-39），条短、上部多空心，色发绿的次之。

图 2-39　成品黄芩

十四、薏苡栽培技术

【功能及主治】
薏苡仁具有健脾利湿、清热利尿及防治癌症的功效。主治干湿脚气、水肿热淋等症。

【形态特征】

薏苡为禾本科一年生（北方）或多年生草本植物，以种仁入药。株高60～90厘米，须根丛生，茎秆粗硬直立，分蘖多有丛生枝条与分枝。单叶互生，叶鞘包茎，腋生或顶生穗状花序，花小、淡黄色（图2-40），花果期7～10月。

图 2-40　薏苡植株

【生长习性】

薏苡对环境适应性强，喜温暖湿润气候，忌干旱，尤其苗期、花期不耐旱，对土壤要求不严，在黏重土壤上生长不良。忌连作。

【栽培要点】

（1）选地整地　薏苡对土壤要求不严，除过于干燥不宜栽培外，一般土地均可栽种，但以肥沃的沙质壤土为最好。前茬以豆科作物较好。播前对土壤要进行耕翻，结合耕翻，亩施优质农家肥4000千克左右或商品有机肥400千克左右，将肥料均匀撒施地表，然后用旋耕机旋耕两遍，作成宽1～1.3米的平畦。

（2）繁殖方法　薏苡以播种繁殖，在收割前选择早熟、饱满、无病害的种子作种用。谷雨前后进行播种，播前种子用温汤浸种或用药剂浸种，以降低黑穗病的发生率，提高产量。温汤浸种时，用60℃的温水浸种30分钟左右或先用冷水浸泡1～2天，取出放入沸水中烫种5秒左右，取出放凉水中，冷却后即可播种。药剂浸种时用50%多菌灵500倍液浸种1～2天，浸种后用清水洗干净即可播种。

将消过毒的种子和湿沙层积堆入温室内2～3天，室温控制在25～30℃之间，待种子露白后，取出播种。

可点播，也可采用条播。点播时按株距17厘米、行距20厘米的标准，进行打窝，每穴下种子4～5粒，然后覆土3厘米左右。条播时在整好的地中，按行距24厘米的标准，开3厘米左右深的沟，将种子均匀撒入沟内，覆土稍压实。播后覆草或地膜保温保湿，以利于出苗。

（3）田间管理

A. 清除覆盖物　一般播种后10～15天即可出苗，出苗后及时清理覆盖在地面的覆草或地膜。

B. 间苗定苗　当幼苗长到6厘米左右时，进行间苗，拔除过密苗、小苗、弱苗。苗高9～12厘米时，按株距12～18厘米的标准定苗。

C. 除草　薏苡幼苗期要加强除草，保证幼苗健壮生长。在拔节前，可用锄除草，拔节后除草应以手拔为主，防止伤及薏苡幼苗。幼苗长至12～20厘米时，进行第一次松土除草，以后每隔15～20天松土除草一次，同时培土。

D. 浇水　薏苡喜温暖湿润的土壤条件，在生长期尤其在抽穗前，有浇水条件的可进行浇水，经常保持土壤湿润，以利于茎秆生长，提高结实能力。

E. 补肥　薏苡需肥量大，在抽穗前后，可结合除草，进行一次追肥，每亩施磷酸二铵15千克左右，以满足花穗生长及灌浆的需要。在土壤追肥的同时，可叶面喷施0.3％的磷酸二氢钾，以增加产量。

F. 病虫防治　危害薏苡的病虫较多，生产中常见的有黑穗病、蓟马、蚜虫、玉米螟等，生产中要加强防治，以控制危害。

黑穗病：危害叶、花、穗，主要靠种子带菌传染。防治方法为播前种子要严格消毒，田间发现病株后及时拔除烧毁。

蓟马：危害茎顶嫩叶、芽、花穗等，可导致心叶与花药干枯，种子变形。7～8月份发生严重，田间发生时可用48％毒死蜱（乐斯本）乳油1500倍液、2.5％高效氯氟氰菊酯（功夫）乳油2500～3000倍液、5％氟啶脲（抑太保）乳油1000～2000倍液、20％杀铃脲悬浮剂8000～10000倍液喷洒。

蚜虫：危害嫩叶，高温干旱时发生严重，田间发生时可喷10％吡虫啉可湿性粉剂4000～5000倍液、20％啶虫脒可溶粉剂13000～16000倍液、1.8％阿维菌素乳油3000～4000倍液、48％毒死蜱1500倍液或4％阿维菌素·啶虫脒乳油4000～5000倍液防治。

玉米螟：以幼虫钻入心叶与茎内，将茎蛀空，使茎秆折断，造成秕穗。幼虫危害时，心叶期发现受害株及时拔除烧毁；在心叶展开时，可用50％杀螟松乳油500倍液灌芯。

（4）采收加工　10～11月，薏苡籽实逐渐成熟，植株茎叶变黄，当有70％～80％的果实外壳变褐时收割，选择晴天用镰刀割取，全株晒干，打落果实后晒干，碾去外壳及外皮，簸去或用风车吹去皮壳糠灰，收集种仁即成。

薏苡仁以粒大饱满、无病虫害、无杂质者为好（图2-41）。

图 2-41　薏苡仁

十五、薯蓣栽培技术

【功能及主治】

薯蓣为薯蓣科多年生草本缠绕性植物，它以块茎（山药）和叶腋间的珠芽（零余子）作药用。具有健脾补肺、固肾益精的功效，主治脾虚泄泻、久痢、虚劳咳嗽、遗精、带下、尿急尿频等症。

【形态特征】

地上茎长可达 2～3 米，雌雄异株，花小、黄绿色，种子扁圆形，带翅，珠芽生于叶腋间（图 2-42），地下块茎直立，肉质肥厚，呈棒形（图 2-43）。花、果期为 7～9 月份。

【生长习性】

薯蓣对气候要求不严，在土层深厚、肥沃、疏松、排水良好的沙质土上生长良好。

【栽培要点】

(1) 种苗的制备　种苗制备方法有 3 种：一是使用薯蓣栽子（也称为芦头、龙头），取块茎有芽的一节，长 20～40 厘米；二是使用块茎段，将块茎按 8～10 厘米分切成段；三是使用薯蓣珠芽。选用种苗以珠芽育苗较好，然后是栽种 1～

图 2-42 薯蓣植株生长情况

图 2-43 薯蓣根

2 年的薯蓣栽子,超过 3 年的不能用。用块茎切段作种是比较先进的栽培方法,既可减少薯蓣块茎用种量,又能防止品种退化,促进产量提高。切分块茎段,一般栽种时边切边种。

10 月下旬,薯蓣地上茎叶枯黄前收摘珠芽,选择大而圆、无损伤、无病虫害的,放室内或窖内,用干沙贮藏,环境温度控制在 0~5℃ 之间,翌年春季土壤解冻后,种植于田间,种植一年,便可为下年生产提供龙头,再用龙头生产山药。除用珠芽培养外,还可选择块茎顶端 12~18 厘米长带芽、无病虫害的作龙头。掰下后晾晒 4～5 天，待断面黏液干燥后，放室内或窖内沙藏，贮藏温度控制在 0～5℃之间。

另外，种栽不够时，也可选择一些略细的薯蓣块茎（10～15 厘米）截断，放于干燥阴凉处，让其断面黏液干愈，放室内或窖中沙藏，待春季用。

（2）种植土壤处理 薯蓣忌连作，前茬以小麦、玉米等作物茬较理想，要避免在花生、马铃薯茬后种植薯蓣，薯蓣块茎的外观直接决定其品质和商品性，种植土壤质地对块茎外观影响较大，因而种植时应注意选择肥沃、疏松、排灌方便的沙壤土或轻壤土，且土体构型要均匀一致，土层厚度应在 1～1.2 米之间，忌在盐碱和黏土地及活土层浅的地方种植，否则会影响块茎的外观，对品质也有影响。

为了保证薯蓣块茎健壮生长，提高品质，在栽植前要进行土壤深翻施肥，为块茎的生长创造良好的土壤条件。一般深翻深度掌握在 80～100 厘米之间，结合深翻，捡除砖头、石块、地膜及作物根茬等块茎生长阻碍物，每亩施优质土杂肥 4000 千克左右，高钾复合肥 40～60 千克，施肥时要求与土充分混合均匀，以防烧苗。

（3）适期播种 甘肃陇东薯蓣一般在清明前后播种，播种时要处理好种薯，以防腐烂，播种前把薯蓣种苗晾晒一下，这样可以活化种薯，又能起到杀菌、提高出芽率的作用。若用薯蓣块茎切段作种薯，可用 50% 多菌灵 500 倍液、15% 三唑酮（粉锈宁）1000 倍液、72% 百菌清 1000 倍液浸种 3～5 分钟，晾干后即可播种，播种前可在种子表面喷洒新高脂膜。在整好的地上按规定行距开深 15 厘米的沟，按株距 20～25 厘米的标准，将龙头或薯蓣块茎段平放于沟内，然后覆土压实。

（4）合理密植 薯蓣可采取双行或单行种植，双行种植时，大行距 1.7～1.8 米，小行距 40 厘米，株距 20～25 厘米。单行种植时行距 80～100 厘米，沟宽 30 厘米，株距 20～25 厘米。

（5）生长期管理

A. 覆盖栽培 由于薯蓣怕涝也不耐旱，而我国北方春旱、伏旱现象发生频繁，因而在薯蓣播种后，要及时用地膜对播种行进行覆盖，以减少土壤水分的蒸发损失，促使土壤水分的利用最大化，以利于产量提高。最好用黑膜覆盖，以减少田间杂草，降低田间用工量，节约生产成本。

B. 追肥 薯蓣植株生长量大，生长迅速，对肥料的需求量大，在薯蓣生长期，一般需追肥 2～3 次。在地上植株长到 1 米左右时追施一次高氮复合肥。薯蓣膨大期追肥以磷钾含量较高的多元素复合肥为主，每次每亩施 15～20 千克。生长后期可叶面喷施 0.2% 磷酸二氢钾和 1% 尿素，防早衰。

C. 搭架栽培 薯蓣为蔓性植物，出苗后要及时搭架，架高在 2 米左右，正面呈"人"字形，侧面斜向交叉，隔7～8米用粗竹竿或木棒加固，架要搭牢，以防歪倒。

D. 及时除草　薯蓣根系分布较浅，杂草较多会严重地影响植株的生长，对产量的形成非常不利，生产中应及时除草，以减少土壤中养分、水分的损失，促进产量提高。

E. 病虫害防治　薯蓣的主要病害为炭疽病，属于真菌性病害，初期表现叶片发黄，出现小斑点，最后茎枯叶落，此病以预防为主，做好轮作换茬，选用无病种薯，播种前用25％多菌灵粉剂500倍液浸种25～30分钟进行消毒，栽后加强田间管理，增强植株抗病性。病害发生后，一般在发病初期用70％代森锰锌500～600倍液、50％甲基硫菌灵700～800倍液交替喷雾即可控制。

(6) 采收加工　薯蓣的茎叶遇霜就会枯死，一般正常收获期是在霜降至封冻前，珠芽的收获一般比块茎早30天，在地上茎枯黄时，采收珠芽（山药豆），再拆除支架，割去地上茎，挖出地下块茎，薯蓣收获较费工，大面积种植时可用机械收获，以提高劳动效率，降低劳动强度，小面积种植的薯蓣，因薯蓣块茎皮很薄，应以人工采收为主，防止机械损伤，提高品质。挖出后先割下龙头，将做栽培用的龙头窖藏，再将块茎上泥土去净，用刀刮掉皮，每100千克薯蓣根用硫黄0.5千克，密闭熏8～10小时，待水分溢出，薯蓣根发软时，即可拿出日晒，这样反复3～4次，直到薯蓣根全干为止。

山药以干燥、长条形、内外白色、无虫蛀杂质者为佳（图2-44）。

图2-44　成品山药片

十六、紫苏栽培技术

【功能及主治】

紫苏全株均有药用价值，药用全株称"紫苏"，去掉叶片及嫩枝的老梗称"苏梗"，叶片称"苏叶"，成熟的果实称"苏子"。具有发散风寒，行气宽中的功效，"紫苏"主治风寒感冒、恶寒发热、胸闷呕吐、胎动不安等症，"苏梗"偏于理气安胎，"苏叶"偏于祛风散寒，"苏子"能降气、消痰、定喘，用于治疗咳嗽气喘、肠燥便秘等症。

【形态特征】

紫苏是唇形科一年生草本植物，具有特异芳香味，茎四棱形，紫色或绿紫色，单叶互生，卵形，边缘有粗锯齿，叶两面紫色或仅下面紫色，轮伞花序排成穗状（图2-45）。花冠唇形，紫色，小坚果褐色，卵形，宿存萼筒底部。花期6～7月，果期7～9月。

图 2-45　紫苏植株

【生长习性】

紫苏对气候和土壤适应性较强，在排水良好的沙质土壤、黏壤地上均能生长，在夏季气候湿润的环境生长良好。

【栽培要点】

（1）播种育苗　紫苏种子休眠期长，如用新种子，可在播种前，将种子置于3℃低温条件下处理5天左右，并喷洒100毫克/千克赤霉素，以打破休眠，促进发芽。

苗床在播种前要进行耕翻，结合耕翻，每亩施用充分腐熟农家肥4000～5000千克。将肥料均匀撒施苗床，然后进行耕翻，耕深20～25厘米，耙平，做成宽1～1.2米，南北走向的苗床。每亩播种用种量1.5～2千克，紫苏种子细小，为了播种均匀，在播种时可将处理好的种子与10倍量以上的细沙混匀，撒施于苗床之内，覆厚1厘米左右的细土，播种后用地膜覆盖苗床，保墒，苗床上盖遮阳网降温，控制苗床温度在18～33℃之间，5～7天后，即可出苗。有60%～70%出苗时，揭去苗床上地膜，有2片真叶展开时，拔除苗床杂草，有6片真叶展开时，按株距3厘米的标准定苗。

（2）移栽　移栽前大田应施足肥料，进行耕翻，以创造疏松肥沃的土壤条件。移栽前每亩大田需施用优质农家肥4000千克左右，高氮复合肥30千克左右，将肥料均匀撒施地表，然后用微型旋耕机旋耕两遍，保持旋深在25厘米以上，然后作宽1～1.2米的畦，按行距30厘米、株距20厘米的标准挖穴移栽，每亩栽植10000～12000株，栽后及时浇定植水，以利于成活。

（3）栽后管理

A. 除草　定植10天后，开始中耕除草，防止出现草荒，影响紫苏生长。

B. 追肥　秧苗起身后，每半月追一次肥料，每次每亩施水溶性有机肥200千克左右或随水施用尿素10千克左右，以促进叶片生长，提高产量。

C. 摘除侧芽　紫苏的第一侧芽一般是花芽，如果任其生长就会消耗许多养分，生产中在第一侧芽出现后，应及时摘除，以增加紫苏产量。

D. 病虫防治　紫苏在我国北方种植时间短，病虫害较少，生产中有锈病、白粉病、斑枯病、红蜘蛛等病虫危害，对产量造成一定的影响，生产中要加强防治，以减轻危害，促进产量提高。

锈病在发病初期可喷15%三唑酮可湿性粉剂1500倍液进行防治，白粉病在发病初期可喷40%氟硅唑（福星）乳油8000倍液或10%苯醚甲环唑（世高）水分散粒剂2000～3000倍液防治，斑枯病发病初期可用20%噻菌铜悬浮剂500倍液或53.8%氢氧化铜（可杀得）干悬剂600～800倍液喷洒。有红蜘蛛发生时，可喷25%灭螨猛粉剂1000～1500倍液或20%浏阳霉素1000倍液等进行防治。

（4）采收加工　8月份收苏叶和苏梗，用镰刀从根部割下，放在通风背阴的地方晾干，干后将叶子打下即是苏叶，余下的切段即为苏梗。若要收苏子，要等到 9 月份果实成熟后割下全株或先割下果穗，晒干后脱下种子即得苏子。

紫苏叶以叶大、色紫、不破碎、香气浓、无枝梗者为佳（图 2-46）。

图 2-46　紫苏叶

紫苏梗以老而粗壮、外皮紫色、分枝少、香气浓者为佳（图 2-47）。

图 2-47　紫苏梗

紫苏子以颗粒饱满、均匀、褐色、无杂质者为佳（图 2-48）。

图 2-48　紫苏子

十七、蒲公英栽培技术

【功能及主治】

蒲公英全草入药，具有清热解毒、凉血散结、利湿通淋的功效，主治疔疮肿毒，乳腺炎，小便不利，风火赤眼等症。

【形态特征】

蒲公英为一年生草本菊科植物，直根粗壮，无明显茎，株高 15～20 厘米，叶基生，大头羽状分裂，边缘有锯齿状裂片或全缘。叶匙形或披针形，花莛自叶基部发出，头状花序，单生花莛顶端，花黄色（图 2-49），瘦果，棕褐色，顶部有细柄和毛，像降落伞，整个植株全有乳汁。

【生长习性】

蒲公英适应性强，对土壤要求不严，耐寒、耐热、抗病能力强。

【栽培要点】

(1) 整地施肥　土壤在播种前要进行耕翻施肥，为蒲公英的良好生长创造疏松肥沃的土壤条件。结合耕翻，亩施充分腐熟优质农家肥 3500～4000 千克，高氮复合肥 15～20 千克，将肥料均匀撒施地表，然后用微型旋耕机旋耕，耕深调至 25 厘米左右，旋耕后南北走向作宽 1.2～1.5 米、高 15 厘米的畦，或作间距 30 厘米、宽 45 厘米的垄，待播。

图 2-49　蒲公英植株

（2）播种　播前用 55℃ 左右的温水烫种 4～5 分钟，烫种时应不停搅动，待水温降至室温时泡种 12 小时左右，捞出沥干水分，在 25℃ 温度条件下催芽，待种子露白时播种。播种时在畦面或垄上按行距 25～30 厘米的标准，开 1～1.5 厘米深的浅沟，进行条播，每亩用种 50 克左右，播种后覆土 1 厘米左右，然后稍加镇压，上盖地膜保温保湿，7～10 天后即可出苗。

（3）出苗后管理　出苗后揭去地膜，及时中耕除草，防止出现草荒。在有 2 片真叶时，按株距 3～5 厘米间苗，有 4 片真叶时按株距 8～10 厘米的标准定苗。在间苗后，乘雨天每亩撒施尿素 7 千克左右，天旱时撒施尿素后浇一次小水，保持土壤湿润。定苗后，再每亩施尿素 10 千克左右，并视土壤墒情浇水。

（4）采收加工　蒲公英在春夏季开花时采收，采收时要将全株挖出，去净泥土（图 2-50），晒干或晾干，晒晾时注意防止雨淋。

图 2-50　采收的蒲公英

蒲公英成品以灰绿色、无泥土、根完整者为好。

十八、知母栽培技术

【功能及主治】

知母以根入药，具有解热除烦，清肺滋肾的功效，主治热病口渴，肺热咳嗽，阴虚燥热，骨蒸潮热等症。

【形态特征】

知母为百合科多年生草本植物，茎直立，叶互生。花 2～3 朵，于茎顶排列成总状花序，花淡蓝色、白色（图 2-51），花期 5～6 月份，果期 7～9 月份。知母具地下匍匐状根茎，上面残留多数黄褐色纤维状叶基（图 2-52）。

图 2-51　知母植株

【生长习性】

知母适应性强，耐寒、耐旱，对土壤要求不严，但在温暖向阳有机质含量丰富的沙壤土上生长良好，在低洼积水和过黏的土壤上生长不良。

【栽培要点】

（1）选地整地　栽培知母时尽量选择向阳，排水良好，土层疏松，地力肥沃的地块，在播种前对土壤进行深翻，以创造疏松的根系生长环境，减少根系生长阻力，利于根系生长，提高产量。耕深应在 30 厘米以上，结合深耕，亩施入充

图 2-52　知母鲜根

分腐熟农家肥 4000 千克左右，磷酸二铵 20～25 千克，然后耙平，作宽为 1～1.2 米的畦。

（2）繁殖　知母以种子繁殖为主，于 4 月下旬，在整好的地上按行距 18～20 厘米的标准，开深 1.5 厘米的浅沟，将种子与种子量 10 倍的细沙混匀，均匀地撒播于沟内，每亩用种量 0.5～1 千克，然后覆土，稍压实，20 天左右即可出苗。

（3）出苗后管理

A. 间苗、中耕除草　在苗高 3 厘米左右时进行松土除草，并适当间苗，拔除过密苗、弱小苗，苗高 6～9 厘米时按株距 15 厘米的标准定苗，定苗后要不断进行中耕，保持土壤疏松，田间无杂草。

B. 肥水管理　幼苗期保持土壤湿润，雨季防止田间积水，在苗高 15～18 厘米时，于雨后结合中耕，每亩施磷酸二铵 15～20 千克，补充营养，促进植株生长。

C. 摘花茎　生长 2～3 年的植株，5～6 月份抽出花茎，除留种的外，其余的应将花茎摘除，以减少养分消耗。

（4）采收加工　在种植后第三年的小满前后采收较适宜，知母生长年限短时，根部瘦小，产量低，而生长年限过长则根部易腐烂。采挖时要注意保持根的完整，防止折断或碰伤，挖出后去掉泥土与残茎须根。

将去净泥土的知母晒干或烘干，去掉须根即为毛知母，趁鲜剥去外皮（不能沾水），用硫黄熏 3～4 小时后切片，晒干后即为光知母。

成品毛知母以条长、肥大、被有黄色茸毛，肉色密白起粉者为佳。

成品光知母以肥大充实、表面及断面均为黄白色无皮毛者为上等（图 2-53），条不整齐，黄褐色者次之。

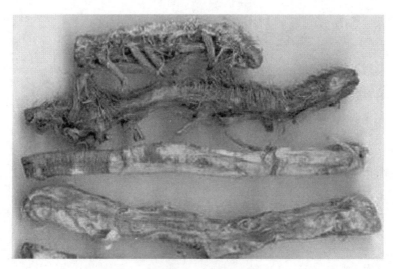

图 2-53　成品知母

十九、秦艽栽培技术

【功能及主治】

秦艽以根入药，具有祛湿散风、止痛舒筋的功效。有助于关节炎、湿疹等病症的治疗。

【形态特征】

秦艽为龙胆科多年生草本植物，苗期叶片长卵圆形，对生，随生长逐渐变成披针形，生长期株高 30～40 厘米，无明显主茎，有根生叶和茎生叶两种。根生叶较大，长达 30 厘米，宽 3～4 厘米，叶片平滑无毛，主叶脉 5 条，叶绿色；茎生叶较小，3～4 对，对生。茎圆形有节，光滑无毛，不分枝，浅绿色，基部常呈紫色。花在茎顶或叶腋间轮状丛生，呈头状聚伞花序，花冠筒状钟形，淡蓝色（图 2-54）。蒴果长圆形或椭圆形，含多数种子，种子细小，多数椭圆形，深黄色，有光泽，无翅。有明显主根且粗壮，须根多条，常向左拧绕，扭结成一个近圆柱形的根，稍肉质，黄色或黄褐色（图 2-55）。花果期 7～9 月。

【生长习性】

秦艽适应性强，耐旱，耐寒，喜冷凉气候，在疏松肥沃的酸性土壤上生长良好。

图 2-54　秦艽植株

图 2-55　秦艽鲜根

【栽培要点】

（1）**选地整地**　选择具有排灌条件的肥沃、湿润、偏酸性沙壤土地块种植，在种前对土壤进行及时耕翻，以疏松土壤，减少根系生长阻力，利于提高产量。结合深翻，亩施入充分腐熟的猪粪 3000 千克左右，增加土壤养分。

（2）**繁殖方法**　秦艽以种子育苗繁殖为主。秋季选择充分成熟的种子收割，春季 4 月中下旬，将种子用 50℃左右的温水烫 10 分钟左右，烫种时要不停地搅拌，水温降到室温时浸泡 12 小时左右，捞出晾干，即可播种，每亩用种 0.5～1 千克。育苗地土壤要疏松，有机质含量要高，在播种前要进行耕翻，耕深 15～20 厘米，然后将秦艽种子与种子量 10 倍的细沙混匀，均匀撒于苗床，用耙将地耙平，保证种子上覆土1～2厘米，上盖杂草或地膜保湿，半月即可出苗。出苗后清除覆盖物，及时清除田间杂草，保证幼苗健壮生长。在苗高10厘米左右时间苗，苗高15厘米左右时按株行距18～20厘米的标准定苗。

（3）移栽　春秋均可进行，栽时选择根颈直径在0.5厘米以上、生长健壮、新鲜的幼苗进行移栽，栽前用50～100毫克/千克的ABT 3号生根粉浸根，春栽在4月上中旬进行，秋栽在10～11月土壤封冻前进行，秋栽要适当早栽，以保证植株安全越冬，亩栽苗保持在1.8万～2.2万株之间，开沟栽植，栽后有条件的注意浇水，以提高成活率。

（4）成活后管理

A. 除草　秦艽幼苗期要注意及时清除田间杂草，以减少土壤养分、水分的消耗，保证幼苗健壮生长。

B. 追肥　在6～7月份，雨后结合中耕，每亩施磷酸二铵20千克。

C. 越冬保护　有浇水条件的在越冬前田间浇一次水，然后进行中耕，结合中耕进行培土；没有浇水条件的可在秋末进行培土，以利于植株安全越冬。

D. 病虫防治　秦艽生产中易受锈病危害，影响植株光合作用的进行，导致产量降低，生产中应注意防治。当田间出现锈病时，可用20％丙环唑微乳剂2500倍液或20％三唑酮乳油1500倍液进行喷洒。

（5）采收加工　秦艽在移栽2～3年后，即可收获。一般在9月下旬至入冬前植株茎叶枯萎后采挖。挖出根后抖去泥土，去芦头、茎叶，摊开自然晾晒至软时，堆置成堆，盖上麻袋或在室内"发汗"1～2天，至内呈黄色或灰黄色，再摊开晒至全干。"发汗"时要注意翻动，防止发霉变黑。

秦艽成品以身粗、长、干净，色棕色，不带皮，略弯曲，味苦者为佳（图2-56）。

图 2-56　成品秦艽

二十、菟丝子栽培技术

【功能及主治】

菟丝子别名吐丝子、豆寄生、无根草，为旋花科植物，菟丝子药用部位为成熟种子。具有滋补肝肾，固精缩尿，安胎，明目，止泻等功能。主治肾虚腰腿疼，遗精遗尿。

【形态特征】

菟丝子属一年生缠绕性寄生草本植物。茎纤细如丝，黄色，生有吸管，缠绕他物，附着寄生；叶退化成鳞片状，花两性，白色，簇生成珠状（图 2-57），蒴果近球形，内有黄褐色、圆形种子 2～4 粒，表面粗糙。花期 7～9 月，果期 8～10 月。

图 2-57　菟丝子植株

【生长习性】

菟丝子适应性强，对土壤要求不严，野生种主要生长在田边、荒地及灌木丛中，多寄生于豆科、菊科、藜科等植物。

【栽培要点】

(1) 种植方法　菟丝子一般与大豆混种，于 6 月中下旬播种。通常选择土质疏松、肥沃、排水性能好的沙质土壤，先播大豆，培育寄主植物，后播菟丝子。大豆出苗后，要精心管理，确保苗全、生长旺盛，为菟丝子生长提供良好的条件。待大豆株高 20～25 厘米（约半个月）时，将菟丝子种子播在豆株旁，越靠近越好。可沟播或点播，覆土不宜太厚，以不见种子为度。每亩用种 1～1.5 千克。播种后保持土壤湿润，7～10 天即可出苗。

（2）田间管理　大豆出苗后，应进行一次浅耕除草。生长期要及时除净杂草，菟丝子幼苗出土后，只要大豆生长旺盛，菟丝子细茎会自然缠上大豆植株，以后可减少除草。苗期要注意抗旱防涝，追施氮肥，7～8 月份可结合治虫喷 1%～2% 尿素和 0.3% 磷酸二氢钾水溶液，促使果实饱满。

（3）采收加工　秋分前后，当植株三分之一以上枯萎，菟丝子果壳变黄时，连同植株一起割下，晒干，脱粒，用筛子将菟丝子种子筛出，去净果壳、细沙等杂质，晒干。一般要求种子干燥，质坚硬，颗粒饱满，无尘土细沙等杂质。

菟丝子种子以颗粒饱满，种皮红棕色或黄棕色，味淡的为佳（图 2-58）。

图 2-58　菟丝子种子

二十一、柴胡栽培技术

【功能及主治】

柴胡具有和解表里、疏肝解郁、升举阳气的功效，可用于治疗寒热往来、胸胁胀痛、头痛目眩等症，对口苦耳聋、疟疾、脱肛、月经不调、子宫脱垂等也有疗效。

【形态特征】

柴胡是伞形科多年生植物，以根入药。高 45～75 厘米，茎直立，上部多分枝，复伞形花序腋生兼顶生，花小黄色（图 2-59），花期 7～9 月，果期 8～10 月。主根圆柱形，多分枝，质坚硬（图 2-60）。

图 2-59　柴胡植株

图 2-60　柴胡鲜根

【生长习性】

柴胡喜凉爽气候，植株生长期较耐干旱，怕水涝，冬季根部耐寒性强。在排水良好、富含有机质的沙壤土上生长良好，黏土或低洼处生长不良。

【栽培要点】

(1) 选地整地　选择土层深厚、保墒性好的缓坡地或梯田作基地，秋季对土壤深翻30～40厘米，结合耕翻，每亩施入优质农家肥2000千克以上或商品有机肥200千克以上，将肥料均匀撒施地表，然后耕翻土壤，以改良土壤、培肥地力。地整好后要耙平，作畦待播种。

（2）适期种植 一般在春季土壤解冻后播种，3 月下旬至 4 月下旬均可播种，其中春分至谷雨期间为最佳播种期。

（3）种子处理 播种前用 0.3%～0.5% 的高锰酸钾液浸种 24 小时，作催芽除菌处理。浸泡后捞起晾干，半天后下种。种子下地要求"两干下地"或"两湿下地"，即播种地干燥、播种时种子也要干燥，或土壤湿润、种子下地时也要湿润。

（4）繁殖方法 柴胡可采用直播、点播和育苗移栽等方法繁殖，以直播为主。播种采用沟播法，按 0.9 米的间距，开深 4～6 厘米的沟，当土壤干燥时，将种子与细沙按 1∶1.5 的比例拌匀，均匀撒入沟内，每亩用种 0.75～1 千克，播后用细土覆盖，稍加镇压后浇水，播种后经常保持土壤湿润，最好用地膜或麦草覆盖。当土壤湿润时，可将浸过种的种子趁湿播种，也可采用上述方法育苗移栽。

（5）田间管理 发芽后幼苗高 3～6 厘米时去弱留强进行间苗，随时清除杂草，待苗高 9～12 厘米时，按株距 9 厘米的标准定苗，结合清除杂草松土培土。苗高 15 厘米左右时，结合中耕除草，每亩追施尿素 5 千克左右，一年生柴胡苗茎秆细弱，在夏季暴雨来临前中耕除草、追肥时进行培土以防倒伏。柴胡生产中易发生根腐病、黄凤蝶和椿象危害，生产中应加强防治，以减轻危害，促进产量提高。

（6）采收加工 柴胡播种后第二年秋季即可采挖。一般在秋季植株枯萎时或春季新苗未长出时采收，采挖时挖出全株，除去残根，抖去泥土，晒干即可。

成品柴胡以干燥，粗长，整齐，质坚硬，不易折断，无残茎及须根者为佳（图 2-61）。

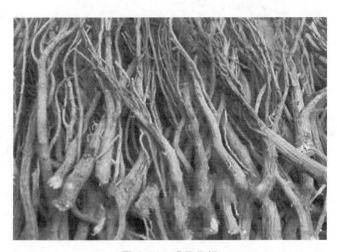

图 2-61　成品柴胡

二十二、百合栽培技术

【功能及主治】

百合以鳞茎供药用，具有润肺止咳、清心安神的功能，主治阴虚久咳、虚烦惊悸等症。

【形态特征】

百合为百合科多年生草本植物，茎高 70～100 厘米，茎直立，不分枝，无毛，绿色，先端开放似荷花状，下部着生须根，叶对生，无柄，叶片线状披针形至椭圆状披针形，花单生于茎顶、叶腋，花大，乳白色，漏斗形，花被下部折合成筒状，中部以上裂片开展或稍外卷（图 2-62），蒴果长卵圆形，具钝棱，种子多数。茎基下部土内各节着生小鳞茎，鳞茎球状白色（图 2-63）。

图 2-62　百合植株

【生长习性】

对土壤、气候要求不严，温暖和较寒冷的地区均能生长，耐干旱，耐寒，在高温多雨地容易发生病害，在凉爽干燥、阳光充足的环境和排水良好的沙壤地栽培，生长良好。

(1) 对温度的要求　百合性喜温暖湿润环境，冷凉地区也能生长，茎叶不耐霜冻，秋季早霜来临前即枯死。地下鳞茎耐 −10℃ 低温，百合的鳞茎在平均温度 −5.5℃ 的土层中能安全越冬。早春平均温度达 10℃ 以上时，顶芽开始活动，

图 2-63　百合鳞茎

14～16℃时出土。幼苗不耐霜冻，如气温低于 10℃，生长受抑制，受冻持续时间短，气温回升，能很快恢复。地上茎在 16～24℃时生长最快，气温高于 28℃生长受抑制，连续高于 33℃时，茎叶枯黄死亡。花期平均温度以 24～29℃为宜。百合适于我国长江流域及北方生长，高温地区则生长不良。

(2) 对光照的要求　百合喜半阴环境，忌阳光直射。

(3) 对水分的要求　百合喜干燥的环境，能耐干旱，怕炎热酷暑，怕水涝，土壤湿度过大会使球根腐烂死亡。

(4) 对土壤肥料的要求　百合对土壤要求不严，但以土层深厚肥沃，富含腐殖质，排水良好的微酸性土壤（pH 5.7～6.3）为宜。在沙质壤土中生长时鳞茎肉质厚实，肥大，色泽洁白；在黏重壤土中，通气排水不良，鳞片抱合紧密，个体小，产量低，不宜栽培；忌干燥的石灰质土壤。百合根系粗壮发达，耐肥，春季出土后要求充足的氮素及足够的磷钾肥，N∶P∶K＝1∶0.8∶1，肥料应以有机肥为主，忌连作。

【栽培要点】

(1) 品种选择　百合种植时，一定要选择健壮、肥大、圆整、鳞片洁白、抱合紧密、大小均匀、无病虫危害、无麻点、无苦味的鳞茎作种球。

(2) 选地选茬　百合对土壤要求不严，但在沙质壤土中生长时鳞茎肉质厚实，肥大，产量高；在黏重壤土中，鳞片抱合紧密，个体小，产量低，因而应尽可能地选择沙质壤土种植。百合不耐连作，在种植过葱、蒜类作物的地块上种植常表现低产，因而要避免连作或葱蒜类作物作前茬。

(3) 整地施肥　百合怕涝，有积水极易引起鳞茎腐烂。鲜鳞茎不耐肥，种球与肥料直接接触，也易引起腐烂。因而种植时应选择干燥地带，种前土壤要深翻25厘米以上，结合深翻每亩施腐熟有机肥4000千克左右、磷酸二铵15千克左右、硫酸钾20千克左右作基肥，将肥料均匀撒施地表，然后耕翻，结合耕翻将50％二嗪磷（地亚农）0.6千克同时翻入土中，进行土壤消毒。精细耙平后整成高15～20厘米，宽80厘米的垄，用地膜覆盖，实行垄作。

(4) 适时播种 百合可秋栽，也可春栽。秋栽宜在10月份播种，春栽宜在清明前后进行。播种时应注意保护好鳞片，防止腐烂，应尽量选择单株侧生鳞茎少的播种，播种时用2％的福尔马林液浸泡种球15分钟或用50％多菌灵500倍液浸种30分钟，也可每100千克种球用25％多菌灵100克进行拌种处理，进行鳞茎保护，防止腐烂。百合的繁殖系数低，用种量大，每亩需种球150～200千克。

(5) 合理密植 百合的种植密度对产量影响较大，种得稀了，单株种球较大，但总产量较低，种得密了，单株种球的膨大受到抑制，不利于品质的提高，因而在生产中要注意合理密植，一般可按行距25厘米、株距15厘米的标准播种。

(6) 促进幼苗健壮生长 百合在地上茎基部长出须根时要及时追肥，追肥在垄沟进行，每亩施用磷酸二铵20～25千克，结合追肥对垄沟进行中耕，以疏松土壤，增加土壤的透气性，促使幼苗健壮生长。

(7) 防徒长 百合在苗高30～35厘米时，及时打顶、摘头，以集中养分向鳞茎输送。在开花后要控制肥水的供给，雨后应及时排除积水，防止因肥水过量导致植株旺长。在花蕾出现后，选择晴天摘心，控制地上部的生长。

(8) 防早衰 百合在生长后期，易出现早衰现象，因而在6月底7月初可施一次追肥，亩施磷酸二铵7.5千克，硫酸钾10千克，以促进植株健壮生长，防止早衰，提高百合品质。

(9) 防腐烂 夏秋季高温多雨天气，积水易导致鳞茎腐烂，一般鳞茎腐烂时表现为叶变黄变紫，生产中加强预防，在雨后要及时疏通沟系，排涝降渍。

(10) 防治病虫 百合病虫害较少，生产中常见的主要有叶斑病、鳞茎腐烂病和蚜虫、根蛆，病害可用65％代森锰锌500倍液或10％苯醚甲环唑（世高）水分散粒剂2500倍液、40％氟硅唑（福星）乳油8000倍液喷雾防治，每7天喷1次，连喷3～4次。蚜虫可用10％吡虫啉可湿性粉剂1500倍液或2.5％高效氯氟氰菊酯（功夫）水乳剂3000倍液喷雾防治，根蛆可用90％敌百虫对水灌根。

(11) 采收加工 立秋之后，百合茎秆变黄枯死、花脱落时为采收适期。这时其鳞茎发育充分，产量高而耐贮藏。采收应在晴天进行，采挖后，去掉茎秆、须根，小鳞茎留作种用，大鳞茎加工入药。先洗净泥土，剥下鳞片，或在鳞片基部横切一刀，鳞片即分开，将鳞片用开水烫或蒸5～10分钟，当鳞片边缘柔软而中间未熟，背面有极小的裂纹时，迅速捞起，放到清水里，洗去黏液后，立即摊晒，晾干。未干时不要随便翻动，以免破碎。

百合成品以无生芯、无软片、无焦糊、无虫蛀、无霉变者为合格，肉厚、质硬、色白、半透明的为好（图 2-64）。

图 2-64　成品百合

二十三、半夏栽培技术

【功能及主治】

半夏又名三步跳、麻芋头、老鹳眼，以搓去外皮的干燥块茎炮制后供药用。有燥湿化痰、降逆止呕、消痞散结等功效。主治痰饮喘咳、胸脘痞闷、恶心呕吐、眩晕等症。

【形态特征】

半夏为天南星科多年生草本植物，植株特征明显，株高 30 厘米左右，块茎顶端生叶，叶片较大，呈卵圆形，叶色浓绿，性状整齐一致，生长势强，块茎近球形，直径 1.0～3.0 厘米，块茎上着生须根数条（图 2-65）；生长期间可形成 3～5 个珠芽。

图 2-65　半夏植株

【生长习性】

半夏有性繁殖从播种开始，块茎随时间的推移，逐步增大，直到成熟，不断产生各代珠芽和有性种子，最后老化。在分生出 2～7 个块茎后，老块茎萎缩死亡，其生命周期为 5 年。无性繁殖的半夏生命周期为 4 年。半夏的年生长周期，一般一年中要经历 3 次出苗，3 次倒苗。第一次在 4 月上旬出苗，6 月中旬至 7 月上旬倒苗；第二次 6 月下旬至 7 月上旬出苗，8 月下旬至 9 月上旬倒苗；第三次 8 月下旬至 9 月上旬出苗，11 月上旬倒苗，11 月份至翌年 3 月份为半夏越冬休眠期。各次出苗、倒苗的时间界限不是十分明显，而是互相叠加、交错发生。

半夏对环境的要求包括以下几个方面：

(1) 对光照的要求　半夏为喜光植物，但忌强光，最适于在 6～8 小时的中等光照条件下生长发育。

(2) 对温度的要求　半夏喜温暖，怕高温，温度对半夏生长发育影响较大。半夏萌芽的起始温度为 12℃，出苗温度在 14～16℃之间，最适宜生长温度为 20～25℃，超过 30℃生长缓慢，超过 35℃，生长受到抑制，被迫倒苗，影响块茎和株茎的膨大，产量降低。

(3) 对水分的要求　半夏喜水忌涝，在春季发芽出苗和秋季成熟期需水量较少，在夏季旺长期和块茎膨大期需水量较大。整个生育期土壤含水量宜保持在 20％～25％之间。

(4) 对土壤的要求　半夏对土壤的适应性广，在各种类型和质地的土壤上都能生长，但在比较肥沃、疏松、保水力强、酸碱度中性的土壤中生长较好。在人工栽培时，由于半夏块茎小，收获时需从土壤中逐个捡出或用筛子筛出，因此栽培半夏时，最好选择沙土地，以方便收获。

【栽培要点】

(1) 选用良种 品种不一样，生产能力差别较大。甘肃省农业科学院经济作物与啤酒原料研究所以西和县栽培的半夏为选育材料，采用系统选育与组织培养相结合的方法选育出的新品系 BY-1，较原种植品种可增产 40% 以上，因而选择良种种植是提高产量的有效途径之一。

(2) 繁殖用种的准备 半夏可用种子、珠芽、小块茎繁殖。

A. 种子准备 半夏在种植第二年的初夏至初秋，便陆续开花结实，当佛焰苞变黄，枯萎倒下时，应及时采收种子。不可在过熟时采收，否则种子脱落，造成损失。采收后取出种子，用湿润的沙土贮藏，以待播种。

B. 珠芽准备 半夏从春到秋均在不断萌发新的叶片。在块茎抽出叶后，每一个叶柄中下部都长出 2 个珠芽。珠芽横径 3～10 毫米，长圆形，珠芽成熟后即可采收作种用。

C. 小块茎准备 半夏的块茎长至 7 毫米以上时，即可作繁殖材料。将收获的小块茎拌湿沙，贮藏于阴凉处，以待播种。

(3) 选地整地 选择疏松肥沃、湿润、土壤 pH 5.5～6.8，具排灌条件的沙壤土作栽培地，在播种前进行整地，在耕翻前，每亩施用农家肥 4000 千克，磷酸二铵 20 千克，将肥料均匀撒施地表，然后旋耕，保持耕深在 30 厘米左右。

(4) 播种 半夏可秋播，也可春播，一般春播较好，春季平均气温稳定在 10℃ 左右时即可播种。半夏植株矮小，可适当密植。播种用的半夏不宜过大，以横径 0.7～1 厘米为宜，亩用种 100～120 千克。播种时按行距 20 厘米的标准开 5 厘米深的沟，将种茎均匀撒于沟中，粒距 3 厘米左右，播后盖土。播后搭建拱高 40 厘米的拱棚地膜覆盖，增加温度，促进早出苗，提高产量。

(5) 田间管理

A. 除草 半夏为浅根性植物，植株矮小，在生产过程中，田间杂草比较高大，与半夏争光、争肥、争水，影响半夏正常生长发育。生产中要及时清除田间杂草，以保证半夏植株健壮生长。

B. 追肥 6～7 月份半夏植株生长较快，需肥较多，可结合除草中耕，每亩施用尿素 5～7.5 千克。

C. 培土 6 月份以后，叶柄上的珠芽逐渐成熟，即脱落或倒苗掉地。可进行培土，把掉落的种子及珠芽盖住。珠芽不久即可出苗，成为新株，当年即可采收作种。

(6) 病虫害防治 半夏生产中易发生缩叶病、块茎腐烂病及天蛾幼虫危害，影响产量，生产中要加强防治，以减轻损失。缩叶病是病毒病，发现病株应及时拔除，防止传染，田间要加强蚜虫的防治，以切断病毒传播的途径，控制危害。块茎腐烂病主要发生在雨季，在降雨后要立即排水，防止田间积水。天蛾幼虫多在 5 月份以后发生，田间发现幼虫后，可人工捕杀或喷 25％灭幼脲 1500 倍液进行杀灭。

（7）采收加工　人工种植的半夏应在第二次倒苗（8 月下旬至 9 月上旬）时，选择晴天进行收获。收获时用小耙浅翻土壤，将直径 7 毫米以上的块茎捡起，作药或种用，将过小的块茎留于土中，继续培植，翌年再收。将收获的半夏鲜块茎过筛分级，小块茎留作繁殖材料，大块茎用来加工商品药材。商品药材加工时要去净须根、洗净泥土后分别倒入缸内或装入麻袋内，穿胶鞋踩，踏去外皮，把去净外皮的半夏控净水，放在熏坑上用硫黄熏 24 小时，之后摊在席上晒干（图 2-66）。

成品半夏以个大，外色白净，质坚实，粉性足者为好。

图 2-66　成品半夏

二十四、灵芝栽培技术

【功能及主治】
灵芝是我国传统的木腐性真菌类药材，被誉为"仙草"，有止咳、平喘、安神的功效，还能增加冠状动脉血流量，延缓神经性疲劳，提高肌体抗缺氧能力。有助于癌症、脑出血、心脏病等病症的治疗，对胃肠、肝脏、肾脏疾病，神经衰弱，哮喘，过敏等病症也有显著疗效。

【形态特征】
人工栽培的灵芝每朵形态相似（图 2-67）。灵芝生长初期，菌背面一片白色，每毫米内有 4～5 个管孔，管口圆形，内壁为子实体。灵芝种子（孢子）卵圆形，壁两层，针尖大小，褐色，多粉末状。灵芝未成熟时菌盖边沿有一圈嫩黄白色生长圈，成熟后消失并喷出孢子粉。有柄或近无柄，灵芝菌柄红褐色至黑色，都有漆样光泽，坚硬。灵芝生长中光线过弱就只长菌柄、不开片。经洗净烘烤干后，菌盖会溢出漆样光泽的灵芝油，有环状棱纹和辐射状皱纹。菌盖背面，有无数细小管孔，管口呈白色或淡褐色。

图 2-67　人工栽培的灵芝

【生长习性】

灵芝生长的条件很特殊，主要有以下几个方面：

(1) 对温度的要求　灵芝为高温型菌类，菌丝在 30～40℃ 范围内可以生长，在 26～28℃ 生长最适。子实体的分化必须在 18～28℃ 才能完成，其中 25～28℃ 为最佳分化温度。需恒温结实。

(2) 对湿度的要求　菌丝生长的最适湿度为 60%～65%，配料时料和水比例保持 1∶(1.5～1.8) 较为适宜。在子实体形成期间，空气相对湿度以 90% 为宜，在子实体原基形成以后，必须保持足够的湿度，否则，菌盖难以延伸，易形成畸形子实体。

(3) 对空气的要求　灵芝是好气性真菌，在子实体发育时期尤其要注意通风。

(4) 对光的要求　灵芝在菌丝生长阶段喜欢黑暗条件，但若全程黑暗则子实体原基很难分化出来，如果在菌丝生长阶段，能够接受一段散射光（100～300坎德拉），再进入黑暗状态，子实体的分化就容易得多了。

(5) 对酸碱度的要求　在 pH 5～6 的情况下，有利于菌丝生长，一般在子实体生长阶段，由于培养料被分解，会产生许多有机酸，致使酸碱度下降，一般保持 pH 4～5 即可，当酸碱度低于 4 时，要注意调整 pH，以利于子实体发育。

(6) 对营养的要求　主要是碳素、氮素和无机盐。灵芝在含有葡萄糖、蔗糖、淀粉、纤维素、半纤维素、木质素等的基质上生长良好。它同时也需钾、镁、钙、磷等矿质元素。

【栽培要点】

(1) 菌种的制作　母种分离培养基为马铃薯、葡萄糖、琼脂培养基。分离时取个大、色白、未开片或刚开片的菌蕾。在无菌箱中，取75％酒精进行表面灭菌，然后切去表层组织，从子实体心部割取谷粒大一块组织，置于培养基上，置于25～28℃下培养。当菌丝长满斜面后，再在新的培养基上扩大分离一次，即为母种。

原种和栽培种的培养，培养基一般由78％木屑、20％麸皮（或米糠）、1％蔗糖、1％石膏粉配制而成，通常培养料的含水量应在55％～60％之间，将培养料拌匀后装蘑菇瓶中，压紧、压平、塞好棉塞，灭菌，冷却后，接入试管母种，置培养室培养。培养室温度保持在25～28℃之间，湿度控制在70％左右，保持黑暗不见光。菌丝长到瓶底即为原种。再将原种扩大移接培养即为栽培种。

(2) 栽培管理

A. 瓶栽法　是用栽培种直接培养的方法。通常采用棉籽壳培养基（一般由44％棉籽壳、44％木屑、10％麸皮、1％蔗糖、1％石膏粉配制而成），培养基含水量通常保持在60％左右。培养基配好后应及时装入直径3.5～4厘米的大口径瓶中，装到瓶口下1～2厘米处，随即灭菌。培养条件和原种相同，培养20～30天即可形成菌蕾。菌蕾形成而尚未接触棉塞时，应随即拔去棉塞，将瓶移于空气湿度相对较高的培养室中栽培管理。培养室要有均匀的散射光线，能通风换气，保持空气湿度。栽培瓶可放在架上，也可卧放于地面。卧放时，可叠12～13层。室内栽培要控制好温度、湿度和光线。菌蕾形成期，温度要控制在25～28℃之间，不能长期低于20℃和高于35℃，正常情况下不必在子实体表面喷水，只要保持空气湿度在90％～95％即可。室内地面要始终保持湿润，每天喷4～5次水。每天早晚开窗1～2小时，进行通风，防止出现畸形菌。室内光照度保持在500勒克斯以上。

一般子实体边缘呈淡红色，与菌盖中间颜色相同时，表明灵芝成熟即可采收，采收时用锋利的小刀从柄中部切下，防止切口破裂。

采收后停止喷水1～2天，再按以上方法进行管理，可长出第二茬灵芝。

B. 段木栽培法　制种的培养基有木块和木屑麸皮两种。木屑麸皮培养基的制作与原种培养基的制作相同。木块培养基通常用桑、槐、悬铃木等枝条剪成，一般保持枝条粗1～1.2厘米，两端平截，放入营养液（100毫升水中加蔗糖2克，麸皮或米糠5克）煮沸半小时，捞起按4:1的比例与木屑麸皮培养料混合，装入瓶中，表面再覆盖木屑麸皮，压平、灭菌、接种。待菌丝长到瓶底后10天左右，就可用于接种。常用的段木有桦木、野樱桃、悬铃木等树种，选择直径5～8厘米的植株，于2～3月砍伐，截去树枝，放阴凉处保存。接种时段木含水量应在37％～40％之间，于4月中下旬进行接种。接种时在段木上按行距6～8厘米，穴距8～10厘米的标准钻略小于菌种块的穴，钻深1.5厘米左右，接种时先用少量木屑菌种填入穴内，然后再塞菌种块，用锄头敲紧。接种后立即覆盖塑料薄膜。接种好的段木，进行"井"字形堆积，并覆盖薄膜。阳光强烈时要覆盖草帘，堆温保持在25～28℃之间，每隔6～7天翻堆一次。第一次翻堆后仍用薄膜密封，以后几次翻堆覆盖薄膜可不必着地，留些空隙以利于通气。如树皮呈白色，在翻堆时应适当浇水。段木发好菌后，应及时作畦，一般畦宽1.5米左右，挖去上面7～10厘米的表土，畦内喷洒10％的吡虫啉3000倍液防虫，然后排一层段木，间距1指宽，空隙用细土填实，然后再在段木上覆土3.3厘米，两边开好排水沟。段木埋好后，在畦上搭荫棚，棚高33厘米，先铺薄膜，再盖草帘。畦面每天喷1～2次水。随时拔去杂草，冬季注意保温，可在土面上覆一层干草。段木栽培当年就可采收，但产量较低。第二年产量会显著增加，一般第二年的产量会占到总产量的70％～80％。

二十五、当归栽培技术

【功能及主治】

当归具有补血活血、调经止痛、润燥滑肠、破瘀生新的功效，主治血亏虚劳、月经不调、肠燥便难等病症。

【形态特征】

当归为多年生伞形科草本植物，以根入药，株高0.4～1米。栽后第二年抽茎，茎直立，高1～1.2米，浅紫色（少数为淡棕色）。叶为二至三出羽状复叶，叶柄基部成鞘状抱茎。顶生复伞形花序，小花白色（图2-68）。果实为椭圆形双悬果，成熟后两瓣开裂。花期6～7月，果期8～9月。根肉质，圆锥形，经栽培后多数分枝（图2-69）。

【生长习性】

当归宜在多雨高寒地区栽培，平川地种植，抽薹多，产量低，效益差。在土层深厚，肥沃疏松，富含腐殖质的半阳生荒地上种植幼苗生长健壮，在背风向阳，灌溉便利，排水良好的沙质壤土上栽植植株长势良好，有利于高产。忌连作。

图 2-68　当归植株

图 2-69　当归鲜根

【栽培要点】

（1）育苗　当归育苗时应选择土层深厚、土质肥沃的地块，在播前对土壤进行耕翻，保持翻深在 30 厘米左右，结合耕翻，亩施入优质农家肥 2000 千克左右作底肥，然后起宽 100 厘米左右的垄，保持垄间距 20 厘米左右。5 月上中旬开始播种，每亩用种 4～6 千克，将种子均匀撒播于苗床后，用树枝轻轻拍打，然后用细土撒盖苗床，保持播深 2 厘米左右，然后覆盖一层 3 厘米左右的麦草，进行保墒，以利于出苗。

一般播种后 15～20 天即可出苗，在苗高 3 厘米左右时松盖草一次，待苗长出盖草后，轻轻揭去盖草，揭草时要掌握苗情，注意适期揭草，苗太小时揭草，会导致苗被晒死，苗太大时揭草，苗易受损伤。

揭去盖草后，要及时清除田间杂草，防止出现草荒，影响秧苗生长。

在寒露过后起苗，用小铲将苗带土挖起后抖掉泥土，除去叶子，捆成 10 厘米左右的小把，将挖出的苗子在阴凉处放置 2～3 天，然后选择干燥阴凉处挖窖贮藏，或用筐子贮藏，贮藏时注意一层黄土隔一层苗子，防止烂苗。

（2）栽植 选择疏松肥沃的土壤作栽培地，由于当归根系发达，一般深可达 35～45 厘米，因而在栽前要对土壤进行深耕，耕翻深度应在 40 厘米以上，在 4 月上旬开始移栽，栽时挖深 18～22 厘米、直径 12～15 厘米的坑，然后放入苗，进行覆土，一般每亩用苗 10～15 千克，可保出苗 6000～7000 株，产干药 125 千克。

（3）栽后管理 在返青后苗高 4～6 厘米时开始锄草，锄草时注意浅锄，防止损伤幼苗，在苗高 12～14 厘米时锄第二遍草，结合锄草培土，全生长期根据降雨及杂草生长情况，除草 5～6 次，减少杂草对当归生长的影响，以利于提高产量。

当归生长过程中易抽薹，抽薹后，根木质化会失去药效，生产中应注意拔除抽薹，以保证成药质量。

在苗高 12～15 厘米的三叶期进行追肥，亩施油渣 150 千克左右，以促进块根膨大，以后结合除草，再进行追肥 2～3 次，每次施三元复合肥 10 千克左右，保证药苗健壮生长，提高产量。

当归生产中易受根腐病、白粉病及金针虫、地老虎、蛴螬等地下害虫危害，生产中要注意防治，以促进产量提高。

栽植时要严格选择种植地，防止在低洼易积水的地方种植，播种前用 20％福尔马林浸种 15～30 分钟，可很好地减轻根腐病的发生；白粉病发生后，及时拔除中心病株，田间喷施 0.3 波美度石硫合剂控制危害；有地下害虫危害时，可用 48％毒死蜱 250～300 倍液药液灌根，减轻危害。

（4）采收加工 霜降过后采收，采挖时尽量保持根完整，挖后置于通风干燥处阴干，然后 3～5 株捆成小把。加工时在通风棚内，架 1.3～1.7 米高的木架，将当归堆放于上面，要求平放一层，立放一层，放 4～5 层后，用豆秆等湿柴生火烟熏，至皮赤红色或金黄色后，再用煤火熏烤，火既不能大，也不能灭，不然易霉烂。

（5）炮制贮藏

A. 当归 拣去杂质，洗净，闷润至中心发软后切片，晒干。

B. 酒当归　取当归片，用黄酒喷淋均匀，稍闷（当归片放在一起，让酒渗入），置锅内用文火微炒至深黄色，取出，放凉即得。

当归含油性，易吸收空气中的水分导致质变霉坏，而且极易虫蛀，须装入麻袋或筐中，在干燥处贮藏。

当归以身干、皮黄褐色，肉黄白色、油润，主根长，无须根，无杂质，无霉变虫蛀，气味浓厚者为上品（图2-70）。

图2-70　成品当归根

二十六、黄连栽培技术

【功能及主治】

黄连具有清热燥湿、泻火解毒的功效，主治湿热痞满，呕吐泻痢，黄疸，高热神昏，心火亢盛，心烦不寐，血热吐衄，目赤吞酸，牙痛，痈肿疔疮等症。外治湿疹，湿疮，耳道流脓。酒黄连善清上焦火热，用于治疗目赤，口疮。姜黄连有清胃和胃止呕功效，用于治疗寒热互结，湿热中阻，痞满呕吐。萸黄连具有疏肝和胃止呕功效，用于治疗肝胃不和，呕吐吞酸等症。

【形态特征】

黄连属多年生草本植物。叶全部基生；叶柄长5～16厘米；叶片坚硬纸质，卵状三角形，宽达10厘米，三全裂；中央裂片有细柄，卵状菱形，长3～8厘米，宽2～4厘米，顶端急尖，羽状深裂，边缘有锐锯齿，侧生裂片不等二深裂，表面沿脉被短柔毛（图2-71）。花莛1～2个，高12～25厘米，二歧或多歧聚伞花序，有花3～4朵；总苞片通常3，披针形，羽状深裂，小苞片圆形，稍小；萼片5，黄绿色，窄卵形，长9～12.5毫米；花瓣线形或线状披针形，长5～7毫米，中央有蜜槽；雄蕊多数，外轮雄蕊比花瓣略短或近等长；心皮8～12枚，离生，有短柄。蓇葖果6～12个，长6～8毫米，具细柄。种子7～8粒，长椭圆形，长约2毫米，宽约0.8毫米，褐色。花期2～4月，果期3～6月。根茎黄色，常分枝，密生多数须根（图2-72）。

图 2-71　黄连植株

图 2-72　黄连根茎

【生长习性】

黄连喜高寒冷凉环境，喜阴湿，忌强光直射和高温干燥。栽培时宜选海拔

400~1700 米的地区种植。植株正常生长的温度范围为 8~34℃，低于 8℃时植株处于休眠状态。黄连生长期较长，播种后 6~7 年才能形成商品，栽后 3~4 年根茎生长较快，第 5 年生长减慢，6~7 年后生长衰退，根茎易腐烂。

种子有胚后熟休眠特性，经 3~5℃ 的低温湿沙贮藏 5~6 个月，即可解除休眠，发芽率可达 90% 左右。种子寿命受贮藏条件的影响很大，干藏和常温湿沙藏均不易保存种子。

【栽培要点】

(1) 育苗 黄连种子必须经过低温后熟种胚分化后方能播种出苗，播前种子一定要进行沙藏处理，方法是将黄连种子与含水 20%~25% 的湿沙以 1:2 比例混合拌匀，摊放在空房或荫棚下，厚约 15 厘米，经常翻动，防止种子霉烂变质，若干燥可喷清水，保持种子湿润待播。

选择早晚见阳光，土层深厚、疏松、富含腐殖质的地块作苗床，播前进行耕翻整地，耕深 15~17 厘米，然后作宽 1 米、高 13~15 厘米、长按地形而定的畦，畦间留 30 厘米左右的作业道。

于 11 月土壤封冻前或第二年春季 3 月份土壤解冻后进行播种，亩用种 2.5 千克左右，用种子量 20~30 倍的细沙与种子混掺，均匀撒入苗床，用木板拍平，使种子与土壤充分接触，然后撒过筛的农家肥盖表面，覆盖麦草保墒。苗床上搭高 1.7~2 米的遮阴棚，覆盖遮阳网遮阴，在出苗前保持荫蔽度在 70% 左右。

苗期要及时拔除杂草，以保证黄连苗健壮生长，除草原则上要求除早、除小、除了，结合除草进行间苗，保证每平方厘米留苗 1 株。

在幼苗有 3 片真叶时，每亩施尿素 7.5 千克左右，以促进幼苗生长。在秋末冬初，每亩施油渣 50~75 千克，结合追肥，进行培土，保证幼苗高度在 6.5 厘米左右，具有 7~8 片真叶，生长健壮，以利于移栽。

(2) 移栽定植 黄连可秋季移栽，也可春季移栽，春季在 3 月份土壤解冻后进行，秋季在 10 月份以前进行，移栽前要先搭建遮阴棚，对栽植地进行耕翻，保持翻深在 17 厘米以上，结合耕翻，亩施入充分腐熟农家肥 2000 千克左右作底肥，耕后进行细致耙耱，然后边起苗、边移栽，选择阴天进行栽植，栽植时理顺苗株，对齐根茎，每 100 株捆成一把。移栽定植前用清水洗净根部泥土，剪去部分须根。定植时一手拿秧，一手分株，用食指和中指抓住秧苗茎部，插入土中，深插浅提，再覆土填实植孔。保持株行距 10 厘米×(10~12)厘米，定植深度视秧苗长短而定，一般栽深 3~5 厘米，即埋没根茎为宜。

(3) 栽后管理

A. 查苗补苗 黄连定植后，在缓苗后，应检查黄连苗成活情况，发现缺苗断垄时应及时用同龄苗补栽，以保全苗。

B. 中耕除草　黄连定植后 1～2 年生长缓慢，要经常拔除杂草，雨后要及时中耕，保持土壤疏松，防止板结，影响黄连苗生长。

C. 追肥　为了提高产量，在黄连苗生长过程中要注意进行适时追肥，一般掌握在黄连生长前期多施氮肥，后期增施磷肥。春季返青后以追施尿素为主，每亩用量掌握在 20 千克左右，生长中期，每亩施用高钾型复合肥 15 千克左右，秋末冬初每亩施油渣 50～75 千克，以保证营养供给，促进黄连苗健壮生长，提高产量。

D. 培土　黄连根茎分枝多，需每年进行培土，促进根茎发育生长，提高品质。培土宜先薄再厚，逐年增加，一般定植后第二年培土约 1.5 厘米，第三、四年约 3 厘米，第五、六年约 4 厘米。

E. 调节光照　随着黄连苗龄的增长，耐光性不断增强，要逐年增加光照，减少棚上覆盖物，以抑制地上部生长，促进养分向地下转移，提高品质。一般在黄连定植前期透光度应在 60%～70% 之间，后期保持 50% 左右。

F. 植株调整　移栽的黄连苗，从第二年开始，除留种田外，每年要摘除花薹，以提高产量品质。

G. 病虫防治　黄连在生产过程中易发生白粉病、霜霉病、炭疽病，易受黏虫、地老虎危害，要加强防治，减轻危害。一般白粉病发生时可用 2% 抗菌素 120 水剂 200 倍液喷雾或灌根防治或用 50% 硫黄悬浮剂 200 倍液、10% 苯醚甲环唑水分散粒剂 1500～2000 倍液、40% 氟硅唑 8000 倍液喷雾防治；霜霉病发生时可用 2% 抗菌素 120 水剂 200 倍液喷雾或灌根，或用 25% 甲霜·锰锌 800 倍液、72% 霜脲·锰锌（克露）600 倍液喷雾防治；炭疽病发生时可用 50% 多菌灵 500～1000 倍液或 77% 氢氧化铜 400～600 倍液喷防；虫害可用苏云金杆菌（高效 Bt）杀虫剂 600～1000 倍液拌毒沙或毒土、毒饵诱杀。

(4) 采挖　黄连在移栽后 5～6 年进行采挖，一般在 11 月收获最好，药材含水量少，小檗碱含量高，品质好。收获时应选择晴天下午或阴天进行，收获前先拆除棚架，晾晒 2～3 天，收获时用耙刨挖，逐畦进行。

(5) 初加工　采后抖去泥土，剪去须根，再将叶柄理顺，切除茎叶即成"托子"。在住宅附近建造火炕，选地面平整，外壁直立，土层深厚的黏质土台，从近土台缘 50 厘米处，开挖宽 20～30 厘米，长 3～4 米，深 1.3 米的地沟，台旁挖一火道与沟连接，沟面铺棍扎成的炕席。将"托子"摊在熏药棚席上，平铺，保持厚度 30 厘米左右。棚下生火，需 48 小时大火，火堆用铁皮盖压，使火苗向四周散射，以便熏炕均匀。熏烤 3 天后，翻棚并抖土，火力逐渐减弱，5 天即可下棚。下棚后乘热装入筐中"撞连""托子"撞净毛须即为成品（图 2-73），再分组包装。撞出的须渣，筛去沙土，除净杂质，另行包装，也可入药。

图 2-73　成品黄连

二十七、天麻栽培技术

【功能及主治】

天麻又名定风草、赤箭草、明天麻等，以块茎供药用，是一种名贵的中药材。有息风止痉，平抑肝阳，祛风通络的功能，主治风湿腰膝痛、眩晕头痛、半身不遂、四肢痉挛、肢体麻木等症。

【形态特征】

天麻为兰科多年生寄生草本植物，株高 1～1.3 米，茎单生，圆柱形（图 2-74），黄赤色，无根，叶退化为鳞片状，叶鞘抱茎。花黄绿色，蒴果长圆形，种子细小，粉末状。花期 5～6 月，果期 6～7 月。块茎肥大，长圆形（图 2-75）。

【生长习性】

天麻无根、无绿色叶片，不进行光合作用，以块茎潜居于土壤中。天麻与蜜环菌共生，天麻从侵入体内的蜜环菌菌丝中取得营养，供其生长发育。正常情况下，蜜环菌侵入天麻块茎越多，天麻生长越快。因此，人工栽培天麻，必须培养好蜜环菌。

天麻性喜凉爽气候和湿润环境，在富含腐殖质、疏松肥沃、排水良好、pH 5.5～6 的沙壤土上种植天麻最理想。蜜环菌生长要求空气相对湿度在 70％～90％之间，土壤湿度在 60％左右。菌体阶段，温度在 6～8℃ 开始生长，20～25℃ 生长最快，超过 30℃，则停止生长。

图 2-74　天麻茎

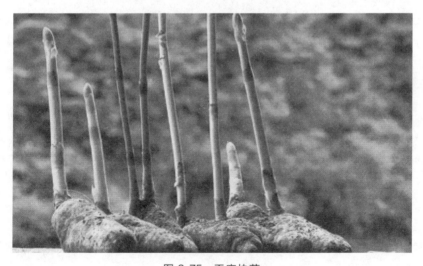

图 2-75　天麻块茎

【栽培要点】

（1）蜜环菌菌材的培养　蜜环菌菌材质量直接决定天麻产量的高低，生产中对蜜环菌的培育要高度重视。一般蜜环菌菌材培养时，要注意以下几点：

A. 备料　多种阔叶树都可作为培养蜜环菌的材料，常选麻栎、华栎、杨、槐、椿等质硬耐腐的树种。选直径5～12厘米的新鲜枝干、枝条，锯成50厘米长的小段，在每一段木的表皮，隔5～7厘米砍一鱼鳞口，深达木质部3毫米左右，边备料边接种培养菌，把菌种分成小块夹在砍好的鱼鳞口里。菌种可采集野生的，也可人工室内培养纯菌种。

B. 菌材培养时间和场地　一年四季均可培养蜜环菌菌材，但以2～5月树木开始生长前为宜，接种后易发菌。培养优质菌材，除选择树种和优良的菌种外，还要防止杂菌的感染，保护坑穴内温度、湿度适宜。场地应选择在树荫下排水良好、土质疏松的沙壤土上。

C. 固定菌材培养法　培养菌材的坑穴即是将来种植天麻的坑穴。通常挖长60厘米、宽45厘米、深30厘米的坑穴，每穴固定木段5～20根。坑内放已接过蜜环菌种的木段2～3层，每层5～7根，木段间相隔约6厘米，并用腐殖土填充缝隙，填充料也可用阔叶树的碎屑和直径0.2毫米左右的清洁河沙混合而成，适当浇水，每层上下相隔7厘米，最后覆盖10厘米细土。此法杂菌少，栽植天麻时底层蜜环菌结构未被破坏，天麻与蜜环菌易建立共生关系，有利于天麻早期生长。

（2）天麻栽培　天麻可无性繁殖，也可有性繁殖。

A. 无性繁殖栽培天麻

a. 选择优良品种种植　在栽培天麻时应选择能适应本地区人工种植的天麻品种，我国人工有性繁殖的第一代"乌×红"杂交天麻适应性广，无论海拔高低和土壤结构优劣，都宜种植，可作为首选。同时作种用的天麻应新鲜完整、无病害、无冻伤腐烂。

b. 适期播种　每年10月至翌年5月为播种期，第三年4月地温回升，天麻开始生长（10～15℃）时蜜环菌（6～8℃开始生长）已能供给天麻营养。

c. 固定菌床栽培法　在原菌材培养穴内进行，先把固定菌材的坑穴覆盖物扒开，取出上层菌，再将固定菌材上的填充物扒开。底层固定菌材现出后，不要移动菌材，把菌材两边泥土等填充物扒开，使菌材两边下端露出。播种时，在菌材的下边每隔13厘米紧贴菌材顺放1个麻种，菌材两端各放1个，每根菌材放麻种8～10个。麻种放好后，在两根菌材间加放新鲜木段1根，然后用填充物覆盖，填充物可选择树叶、腐殖土等，直到不见菌材。第一层栽好后，按上述方法再栽培第二层，上下层菌材相隔7厘米，再盖一层树叶，然后坑穴覆土10～20厘米。单层栽培，每坑穴用种0.5千克，双层栽培每坑穴用种0.75千克。

d. 管理　经常检查坑穴内温湿度。冬前加厚盖土层，并加盖树叶防寒；夏季坑穴上加盖树叶、树枝，适当浇水，降低坑穴温度，雨季清沟排水，防止雨水冲刷。旱季要适当浇水，以保持土壤湿度；春、秋季应增强光照，增加坑穴温度，以利于天麻生长。

B. 有性繁殖栽培天麻　每年5～6月，未采收的天麻开花结果，可用果内的种子下种繁殖。此法技术性强，难以推广。

（3）采收加工　天麻采收宜在秋冬休眠期进行，先挖去填充料，取出菌材，再收天麻块，轻收轻放，并按大小进行分级。

天麻加工时先洗去泥，再用谷壳加少量淘米水反复搓去块茎上的鳞片、粗皮等。然后用清水洗净，上笼蒸煮。大的蒸30分钟到1小时，小的蒸10～20分钟，蒸至对着光照不见黑心，表明已蒸透，蒸后取出摊开，晾干，再用文火热烘，烘至全干（图2-76），防潮包装后即可出售。

图2-76　天麻成品

二十八、车前栽培技术

【功能及主治】

车前子具有清热利尿、渗湿止泻、明目、祛痰的功效。主治小便不利，淋浊带下，水肿胀满，暑湿泻痢，目赤障翳，痰热咳喘等症。

【形态特征】

车前为多年生草本，无茎，具多数细长须根；叶基生，薄纸质，卵形至广卵形，具5条主叶脉，叶基向下延伸到叶柄，长6～15厘米，宽3～8厘米，周年

开花，穗状花序自叶丛中抽出，长 15～30 厘米，小花白色（图 2-77），花冠 4
裂，雄蕊 4 枚；盖果长椭圆形，内藏种子 4～6 颗。

图 2-77　车前植株

【生长习性】

车前喜温暖湿润气候，较耐寒，山区、丘陵、平坝均能生长。对土壤要求不
严，一般土地、田块边角、房前屋后均可栽种，但以较肥沃、湿润的沙壤土生长
较好。

【栽培要点】

(1) 播种育苗　车前可在春季播种，夏季栽植，适宜播种期为 4 月中下旬，
一般每亩大田需苗床 10 平方米左右，用种量 40～50 克。整平苗床后浇透水，用
细沙拌种播匀，播种后覆盖细土，再用湿麦草覆盖保湿以利于出苗。出苗 60%
后，揭除盖草，然后用遮阳网遮阴覆盖，降温保湿育苗。苗龄 30～35 天，育成
4～5 片全展叶壮苗。

(2) 选好茬口，施足基肥　车前前茬以豆类、禾本科为好，在前茬作物收获
后，每亩撒施优质农家肥 2000～3000 千克，加三元复合肥 40～50 千克，然后耕
翻整平，作宽 1.2 米、长度不限的畦，保持沟宽 30 厘米，沟深 20 厘米。

(3) 适时移栽，合理密植　在 5 月下旬至 6 月上旬进行移栽，移栽前每亩地
用 150 克仲丁灵（地乐胺）对水 50 千克，喷湿表土，防除杂草。最好在白露前
阴天下午移栽，每畦栽 4 行。规格 30 厘米×20 厘米，每穴栽带土壮苗 1 株，每
亩栽 8500～9000 株，栽后浇施含尿素 0.2% 的定根水，使畦内湿透。

(4) 猛攻发苗，争取大穗　在栽后 7 天，开始第一次追肥，每亩用尿素 5 千
克，对水 1000 千克浇施。过 10 天追第二次肥，用量同第一次。栽后 25 天左右，
用 100～150 克硼砂、10% 吡虫啉 20 克对水 50 千克进行叶面喷施，促使穗花分

化，防止蚜虫危害，10月初，力争苗高20厘米以上，叶宽10厘米以上，每株有大叶10片左右。促多发大穗，打好丰产基础。

（5）根外追肥，促穗壮籽 进入抽穗期，要控制施用氮肥，防止营养生长过旺，每亩施用草木灰50～100千克，加速养分运转，增强后期抗寒能力。开花前每亩用硼砂100～150克、喷施宝4支、10%吡虫啉20克、50%多菌灵150克，对水50千克喷施，提高授粉结荚率，防止病虫危害。盛花后每亩用150～200克磷酸二氢钾加10%吡虫啉20克，对水50千克进行叶面喷施，促使壮籽，防止蚜虫危害。

（6）采收 在穗子三分之二变黄后，可分期分批采收，收获成熟穗子，晒穗脱粒，吹净果壳，晒干种子（图2-78）。

图2-78 成熟车前子

二十九、栝楼栽培技术

【功能及主治】

栝楼又名吊瓜、药瓜、老鸦瓜，为大宗药材，全身是宝。栝楼果皮、籽、根均可入药，具有宽胸散结、消肿排脓、清热化痰等功效，对糖尿病、高血压、高血脂、高血黏度有一定的治疗作用，有扩张心脏冠脉，促进冠脉血流动的作用，对急性心肌缺血有明显的保护作用，对癌细胞增殖及人类免疫缺陷病毒具有抑制作用，并能提高机体免疫功能。

【形态特征】

栝楼是葫芦科栝楼属多年生草质藤本植物。根状茎肥厚，圆柱状，外皮黄色；茎多分枝，无毛；叶互生，近圆形或心形；花雌雄异株，果实近球形（图2-79），熟时橙红色，花期5～8月，果期9～11月。

图 2-79　栝楼植株

【生长习性】

野生栝楼常生长于海拔200～1800米的山坡林下、草边、田边、阴深山谷、灌木丛中，主要分布于我国甘肃、陕西、河南、安徽、山东、四川、贵州、云南等地区。

栝楼喜温暖潮湿气候，较耐寒，不耐干旱。适宜在土层深厚、疏松肥沃的沙质土壤中栽培，不宜在低洼及盐碱地栽培。

【栽培要点】

（1）繁殖　栝楼可用播种、分根、压条等多种方法进行繁殖，其中以分根繁殖最常见。分根繁殖一般于3月中下旬进行，挖取一年生断面白色新鲜的健壮雌株的根，分成7～10厘米的小段，通过消毒、杀菌、催芽等技术处理后穴栽，浇足水，约40天出苗，每年结合中耕追肥2～3次。

（2）田间管理　栽种后，每年春、夏、秋季各中耕除草一次，每次中耕除草后，均需施肥。当茎蔓生长至30厘米以上时，注意引蔓上架，茎蔓上架过程中，注意修枝打杈，去掉弱蔓、徒长茎蔓，去除有过多腋芽的分枝，促使养分集中，以利于结果。

（3）采收　一般一年生苗在3月份种植后当年开始结果，于秋分前后，当果实表皮有白粉并变成浅黄色时即可采收，栽后 3 年即可采挖块根，挖时沿根的方向深刨细挖，避免根茎破损。

（4）**加工**　将摘下的果实悬挂在通风处晾干，即成瓜蒌；剖开栝楼，取出瓤和种子后，将皮晒干或烘干即成瓜蒌皮（图 2-80）；内瓤和种子放入池内发酵后洗去瓤，晒干即成瓜蒌子（图 2-81）；将挖取的块根（图 2-82）去掉芦头，洗净泥土，趁鲜刮去粗皮切成 0.5 厘米厚的薄片，晒干或烘干，或放清水中浸泡 4～5 天，然后将其捣烂，磨碎，滤去杂质，澄清滤液，取出沉淀物，晒干，即成天花粉。

图 2-80　瓜蒌皮

图 2-81　瓜蒌子

图 2-82 栝楼块根

三十、丝瓜栽培技术

【功能及主治】

丝瓜是葫芦科植物，以种子及老瓜内的网状纤维（丝瓜络）入药。丝瓜络用于祛风通络，种子用于清热化痰，主治热病及崩漏带下，乳汁不通等症。

【形态特征】

丝瓜为一年生攀援草本，茎圆形有棱角、卷须，三裂叶互生，花单性同株、黄色，瓠瓜长圆柱形（图 2-83），幼时绿色带白粉，果肉肉质，熟时绿褐色，果肉为坚韧的网状纤维，种子黑色，花期 6～9 月，果期 7～10 月。

图 2-83 丝瓜结果状

【生长习性】

丝瓜喜温暖气候，宜在土壤湿润、富含有机质的沙质壤土上栽培，在涝、渍及低洼、潮湿地种植，果实易烂，产量不高。

【栽培要点】

(1) 选地整地 选择避风向阳、通风、排水良好的沙壤地，种植效果最好。播前结合耕翻，每亩施入充分腐熟的有机肥 3000 千克左右、过磷酸钙 12 千克左右作底肥。

(2) 繁殖方法 丝瓜以种子繁殖，可直播也可育苗移栽。

A. 直播 清明后，在整好的地上按行距 60 厘米、株距 60 厘米的标准进行点播，播种前，将种子在阳光下晒 1～2 天，然后用 55℃ 左右的温水烫种 10 分钟左右，边烫种边搅动，水温降至室温时再浸种 12 小时左右，然后在瓦盆内一层湿沙一层种子放置，在最上边再盖一层细沙，将装有种子的瓦盆放在 25～30℃ 条件下进行催芽处理，10 天左右种子露白时即可播种，播种时挖深 3～4 厘米的穴，每穴内放种子 3～4 粒，覆土 3 厘米左右，一般播后 20 天左右即可出苗。

B. 育苗移栽 清明前后，利用温室或塑料薄膜拱棚作保护，作好苗床，浇透水，然后将种撒入，覆土 1.5 厘米左右，播种后保持温湿度，20 天左右即可出苗，待苗高 6 厘米左右时，按株行距 60 厘米×90 厘米的标准定植到大田。

(3) 田间管理

A. 中耕除草 苗出土后，应经常保持土壤疏松，要经常中耕，结合中耕铲除田间杂草，以保证植株健壮生长。

B. 肥水管理 在植株生长期要注意适期追肥。在幼苗期，每亩施尿素 7.5 千克左右，以促进植株生长；在开花前，每亩施磷酸二铵 10 千克左右；在挂果后每亩施磷酸二铵 15 千克左右，以提高产量。

C. 搭架 在苗高 30 厘米左右时，在丝瓜行间插入竹竿或树枝，使茎蔓缠绕其上。

D. 整蔓修剪

a. 打芽 为保证主茎的正常生长，要及时摘除卷须与侧蔓。

b. 摘除早果 过早结的瓜小，产量低，生产中要控制在第 20～30 叶节上坐果，以利于果实膨大，提高产量和品质。

c. 打顶 丝瓜有一边长蔓一边开花的生长结果习性，生长到 9 月份后所坐的瓜不易老熟，可于 9 月份将植株顶梢打除，以减少养分消耗。

E. 病虫害防治 危害丝瓜的病虫害主要有霜霉病、白粉病、守瓜、蚜虫等，生产中应加强防治。

a. 霜霉病 主要危害叶片，阴湿多雨时发生严重。防治时注意在秋季收获后清除带病枝叶，并集中烧毁。发病前和发病初期喷 65% 代森锌 600 倍液，控制危害，每 10 天喷一次，连续 3～4 次。

b. 白粉病　秋季发生，在叶片上呈现一层白粉。在发病初期喷可湿性硫黄粉 200～300 倍液或 70％甲基硫菌灵 800 倍液，控制危害，10～15 天喷一次。

c. 守瓜　又叫黄虫，越冬成虫危害幼苗叶片，在 4～5 月份产卵期喷 48％毒死蜱 1500 倍液杀灭。

d. 蚜虫　发生时可用 10％吡虫啉乳油 3000 倍液杀灭。

(4) 采收加工　由于丝瓜坐瓜早晚不同，成熟期不一致，采收期是不一样的，可在瓜蒂梗部的皮色由绿变黄时进行采收。采后将瓜摘下泡入水中，搓去种子，剩下洁白的丝瓜络，将丝瓜络和种子分别捞出晒干即可。

成品丝瓜络以筋细质韧，洁白轻松无籽者为佳（图 2-84）。

图 2-84　成品丝瓜络

丝瓜籽以粒大饱满无杂质者为佳（图 2-85）。

图 2-85　成品丝瓜籽

三十一、忍冬栽培技术

【功能及主治】

忍冬的药用部位为花蕾，称为金银花，又叫二花、二宝花，是《本草纲目》中着重记载的药食同源的大宗传统中药材之一。其具有清热解毒的功效。多用于治疗外感风热，急性热病，痈肿疔疮，热毒血痢等症。其藤蔓药性与花相近。

【形态特征】

忍冬为多年生忍冬科半常绿藤本植物。茎中空，多分枝，花成对腋生，花冠初开白色，两天后变黄（图 2-86），浆果黑色。花期 6～7 月，果期 7～10 月，种子圆形黑色。

图 2-86　忍冬植株

【生长习性】

忍冬适应性强，耐寒，喜湿润、阳光充足的环境条件。对土壤要求不严，但在肥沃的土壤上种植时根系发达，须根生长旺盛。

【栽培要点】

(1) 育苗　忍冬繁育以扦插育苗为主，育苗时可选择中性或微酸、微碱性的肥沃土壤作育苗床，将地深翻 30～40 厘米，把地耙平后稍微压实，或整成 1 米宽的畦，按行距 15～20 厘米的标准开好条沟，沟内施一层充分腐熟的土杂肥作底肥，然后选择生长旺盛，抗病力强，开花多，藤茎粗壮的当年生春生藤作种藤，用剪刀按每3节节芽剪成1段（长约20厘米），并将入土的一端剪成斜面，用ABT生根粉或草木灰液浸泡处理后，按株行距分别为4厘米、18厘米的标准，将种藤插入土中，插入深度7～8厘米（必须有一节节芽埋在土里），再盖土压实，将行沟整平，浇一次水，并注意摘心打顶，促进根系发达和主茎粗壮。

（2）移栽 当幼苗生长1年时，就可在春分至谷雨时节进行移栽，栽植密度按土质而定，一般按2米×2.5米的标准进行，移栽前挖直径60～70厘米、深40～50厘米的穴，每亩穴数控制在120～140个，每穴施充分腐熟农家肥30千克左右，一穴栽2株。

（3）田间管理 移栽后要及时浇水，确保成活率。栽植1个月后，每隔一月施一次尿素，每次亩施10～15千克，待新芽长到2个节以上时，及时摘心，促使侧芽早发成丛，并视藤的长度及时搭架，以利于新藤缠绕生长。采花后进行修剪，剪除病、枯、弱枝，并除草松土，结合松土，进行追肥，每亩施磷酸二铵20千克左右。

（4）病虫害防治 忍冬各种病虫害均发生于花蕾采摘期（5月上中旬至9月下旬），农药防治时，常造成农药污染，带来安全隐患，因而在忍冬病虫害防治时应坚持无公害的防治原则，采用综合措施，以控制危害。

A. 主要病虫危害状

a. 褐斑病 是叶部常见病害，该病发生时会造成植株长势衰弱。多在生长中、后期发病，8～9月为发病高峰期，多雨潮湿条件下发病严重。发病初期在叶上形成褐色小点，后扩大成褐色圆斑或不规则病斑。病斑背面生有灰黑色霉状物，发病重时叶片脱落，影响植株生长、开花。

b. 白粉病 在早春温暖、干旱条件下发病严重。发病初期，叶片上产生白色小点，后逐渐扩大成白色粉斑，继续扩展布满全叶，造成叶片发黄，皱缩变形，最后引起落叶、落花、枝条干枯。

c. 炭疽病 危害叶片，病斑近圆形，潮湿时叶片上着生的橙红色点状黏质物，为大量聚集的分生孢子。

d. 锈病 受害后叶片背面出现茶褐色或暗褐色小点；有的在叶表面出现近圆形病斑，中心有1个小疱，严重时可致叶片枯死。

e. 中华忍冬圆尾蚜 危害叶片、嫩枝，引起叶片和花蕾卷曲，生长停止，产量锐减。5～6月危害较重，特别是降水少、干旱情况下发生严重，进入6月中下旬，蚜虫天敌集中到忍冬园中，可很好地抑制蚜虫危害。

f. 棉铃虫 食性杂，是忍冬花蕾期主要害虫，主要食蕾、花，也取食嫩叶。

B. 绿色防控措施

a. 黄板诱集蚜虫 在忍冬园中悬挂涂有机油的黄板，不仅可诱杀蚜虫，而且可诱杀叶蜂、叶甲等害虫。在每年的5月上中旬，在忍冬行间，将黄板绑缚固定在支棍上，每亩设置 15～20 块，可有效地减少蚜虫的危害。

b. 性诱剂诱杀棉铃虫成虫　把棉铃虫性诱剂诱芯安装在诱捕器上。通过诱芯把信息素缓释至田间，将棉铃虫雄成虫引诱至诱捕器上将其捕杀，从而减少田间雄虫虫口基数，使雌性成虫不能交尾而不能产卵，达到控制危害的目的。一般每亩设置 1～2 套诱捕器即可。诱捕器悬挂在高于忍冬顶部 20 厘米处，4～6 周更换一次诱芯。定期检查，定期更换。

C. 化学防治

褐斑病、白粉病通常在高温高湿的气候条件下发生危害，防治的关键在忍冬发芽前，用 5 波美度石硫合剂进行铲除性保护。后期病害发生后用戊唑醇、三唑酮等进行喷防。喷药要在发病初期或发病前进行，一般在病叶率或病枝率 3％左右时开始喷药，雨季防治时，应主要集中在上期花期末和下期花期之前使用。

(5) 采花加工　5～6 月份，要及时采花加工，当花蕾膨大呈白绿色时采摘。开花后变黄，质量下降。为了保证质量要特别注意采摘将要开放的花蕾。早晨摘的花色泽较好。

采后的花可阴干、晾干或以硫黄燃烧熏烤后再晒干，也可用微火或电烤炉烘干，但应掌握温度，使花的色度、干度恰到好处，以防发黑。干燥后应密封贮藏，以防花受潮变色或虫蛀。

金银花以花蕾个大、饱满、色黄白、无杂质、无黑头、无霉变者为好（图2-87）。个头小、细瘦、色棕黄者次之。

图 2-87　干金银花

三十二、芍药栽培技术

【功能及主治】

白芍为我国传统中药材，为毛茛科植物芍药的干燥根，具有平肝止痛、养血调经、敛阴止汗等功效。用于眩晕、胁痛、腹痛、四肢挛痛、血虚萎黄、月经不调、自汗、盗汗等症。

【形态特征】

芍药为多年生宿根草本，高 60～80 厘米，茎丛生直立，光滑无毛。叶互生，具长柄，羽状复叶，小叶椭圆或披针形。初夏顶生白色或紫红色的单瓣或重瓣花（图 2-88），果卵形，根粗肥，圆柱形或略呈纺锤形，外皮褐色，断面白色或微带粉红（图 2-89）。每年 3 月萌发出土，4～6 月为生长发育旺盛期，花期 5 月，果期 6～8 月，8 月中旬地上部分开始枯萎，是芍药苷含量最高时期。

图 2-88　芍药植株

图 2-89　芍药鲜根

【生长习性】

芍药适宜在温暖湿润的气候条件下栽培，具有喜光、喜温、喜肥和一定的耐寒特性。在气候温和，雨量充足，无霜期长的地区生长最好。在土层深厚，排水良好，肥沃的沙壤地上生长良好，重黏土上生长不良。在年均温 14.5℃、7 月均温 27.8℃、极端最高温 42.1℃的条件下生长良好。

【栽培要点】

(1) 选地整地　栽培芍药应选择土层深厚、质地疏松、排水良好的沙壤土地块，前茬以玉米、小麦、豆类、马铃薯等作物为好。栽前要精细耕作，耕深 20～40 厘米，结合耕翻每亩施充分腐熟农家肥 3000 千克左右作底肥，耕后耙平，作成 1.3～2.3 米宽、高 15～20 厘米的高畦。

(2) 繁殖方法　芍药既可用分根进行繁殖，也可采用种子繁殖，生产中可根据实际情况，灵活应用。

A. 分根繁殖　收获时，将芍药芽头从根部割下，选形状粗大，不空心，无病虫害的芽盘，按大小和芽的多少，顺其自然生长形状切成数块，每块留芽 2～4 个，留作种用。芍芽下留 2 厘米长的头，以利于生长，一般 1 亩芍药芽头可栽 3～4 亩。

芍药芽头最好随切随栽，如不能及时栽种，应暂时贮藏。可在室内选阴凉高燥通风处，地上铺湿润沙土，将芽头堆放其上，再盖上湿润沙土，或在室外挖坑贮藏。

芍药 8～10 月种植，过晚芽头已发新根，栽植时易弄断损伤，影响来年生长。为了便于管理，应按芍药芽头大小分别栽植，可采用 50 厘米×30 厘米的行株距，每亩栽植 4000～4500 株。

B. 种子繁殖　芍药种子为上胚轴休眠类型，播种当年生根，再经过一段低温打破胚轴休眠，翌春破土出苗。单瓣芍药结实多，8 月上中旬种子成熟，于芍果微裂时及时采种，随采随播，或用湿沙混拌贮藏至 9 月中下旬播种。苗株生长 2～3 年后进行定植。

(3) 田间管理

A. 中耕除草　早春松土保墒。出苗后每年中耕除草 4～6 次。中耕宜浅，以免伤根死苗。10 月下旬，地冻前在离地面 7～10 厘米处剪去枝叶，在根际培土约 15 厘米，以利于安全越冬。

B. 追肥　第二年起，每年追肥 2～3 次，第一次为 3 月下旬～4 月上旬，施淡人粪尿；第二次为 10～11 月间，每亩施腐熟农家肥 1500～2000 千克。第三年 3 月下旬每亩施人粪尿 750 千克，腐熟饼肥 50 千克和过磷酸钙 25 千克；4 月下旬每亩施人粪尿 1000 千克；11 月施厩肥 1500～2000 千克。第四年收获前追肥 2

次，3月下旬每亩施人粪尿 1000 千克，加尿素 10 千克，过磷酸钙 25 千克；4 月下旬，除施磷肥外，按上述施肥量再施一次，每次追肥，宜于植株两侧开穴施入。

C. 排涝　芍药喜旱怕涝，一般不需灌溉。干旱严重时，宜在傍晚灌溉一次透水。多雨季节注意排水，以减少根部病害。

D. 摘蕾　芍药以根为收获器官，出现花蕾时全部摘掉，以促进养分向根系聚集，促进产量提高，摘蕾时注意选晴天无露水时进行。

（4）病虫害防治

A. 叶斑病　常发生在夏季，主要危害叶片。病株叶片早落，生长衰弱。发现病叶，及时剪除，清扫落叶集中烧毁；发病前及发病初期喷 1∶1∶100 波尔多液。

B. 锈病　危害叶片，5 月上旬发生，7 月或 8 月严重。选地势高燥，排水良好的土壤栽种，收获时将残株病叶集中烧毁，以消灭越冬病菌；发病初期，喷 0.3～0.4 波美度石硫合剂或 97％敌锈钠 400 倍液控制危害。

C. 灰霉病　危害叶、茎，多在开花后发生，在高温条件下发病严重，使叶片枯萎脱落，植株生长衰弱。防治时注意清除被害枝叶，集中烧毁；雨后及时清沟排水，加强田间管理，保证通风透光；栽培时注意选无病芍芽作种，并用 65％代森锌 300 倍液浸泡 10～15 分钟后播种；发病初期喷 1∶1∶100 波尔多液。

D. 软腐病　病原菌从种芽切口处侵入，是种芽贮藏期和芍药加工过程中的一种病害。种芽贮放时应注意选通风处，保持切口干燥；贮藏场所先铲除表土及熟土，后用 1％福尔马林或 5 波美度石硫合剂喷洒消毒，以减少病害的发生。

（5）采收加工

A. 采收　于栽种后 3～4 年采收，采收期为 7 月，采收过迟根内淀粉易转化，干燥后质地不坚实。采收应在晴天进行，割去茎，挖出全根。除留芽头作种外，切下芍根，加工药用。一般亩产鲜根 700～800 千克。

B. 加工　将芍根按大、小分开，在沸水中烫泡 5～15 分钟，烫泡过程中要勤翻动，待芍根表皮发白、无生芯、有香气时，迅速捞起放入冷水，随即取出刮去外皮，切齐两端，依粗细分别晒干。晒芍是加工的主要环节，如果晒得过猛，则外干内湿表层干裂，易发霉、变质。一般早上晒，中午阴干 3 小时，下午 3 点后再晒，晚收堆好，直到内外干透为止，如果芍根煮后遇雨不能及时晒，可用硫黄熏，并放于通风处，忌堆置；如遇久雨，需用火或电烤干，到有太阳时再晒（图 2-90）。

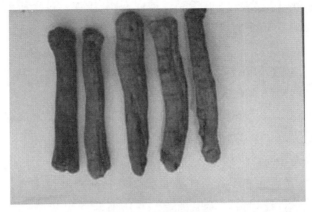

图 2-90　阴干的芍根

三十三、牡丹栽培技术

【功能及主治】

牡丹是毛茛科多年生落叶小灌木，药用根皮，药名叫牡丹皮，具有清热凉血、活血化瘀的功效。主治斑疹吐血、血滞经闭、经前发热、阴虚发热、无汗骨蒸等症。还可治闭经、阑尾炎、高血压。

【形态特征】

牡丹为落叶小灌木，生长缓慢，株型小，牡丹成株高 1～2 米，枝干直立而脆，圆形，从根颈处丛生数枝而成灌木状。当年生枝光滑，草质，黄褐色，第 2 年开始木质化，秋后有干梢现象。多年生枝干表皮褐色，常开裂而剥落。叶互生，叶片通常为二或三出复叶，枝上部常为单叶，小叶片有披针、卵圆、椭圆等形状，顶生小叶常为 2～3 裂；叶上面深绿色或黄绿色，下为灰绿色，光滑或有毛。总叶柄长 8～20 厘米，表面有凹槽，花单生于当年枝顶端，两性；花直径 10～30 厘米；花的颜色多为白色、紫红色或粉色（图 2-91）；雄雌蕊常有瓣化现象；花瓣的自然颜色和雄雌蕊瓣化的程度与品种、栽培环境条件、生长年限等有关；正常花雄蕊多，结籽力强，种子成熟度高；雌雄蕊瓣化程度高的花结籽少且不实或不结籽；完全花雄蕊离生，心皮一般 5 枚，少有 8 枚，各有瓶状子房一室，边缘胎座，多数胚株。蓇葖果五角，每一果角结籽 7～13 粒，种子近圆形，成熟时变为黄色，老熟时变为黑褐色，成熟种子直径 0.6～0.9 厘米。根为宿根，肉质，主根长达 1 米，根皮和根肉的色泽因品种而异。根细圆柱形。根皮肥厚，多为灰褐色，有香气（图 2-92）。花期 5～6 月，果期 7～8 月。

图 2-91　牡丹植株

图 2-92　牡丹鲜根

【生长习性】

牡丹喜阴、耐旱、怕涝、怕高温，要求阳光充足、雨量适中，土壤以土层深厚、排水良好的沙质壤土为好，盐碱湿地不宜种植。能在 −30℃ 以上安全越冬，25～28℃ 时生长受到抑制，30℃ 停止生长，15～20℃ 时进入生长旺期。一般 3 月下旬～4 月上旬发芽，4 月中下旬～5 月上中旬开花，花后于夏季气温较高时花芽开始分化，10 月下旬～11 月中旬落叶。

【栽培要点】

（1）繁殖方法　牡丹既可用种子繁殖，也可分株繁殖，还可嫁接繁殖，生产中可根据实际情况选择繁殖方法。

A. 播种育苗　一般于 8 月下旬～9 月上旬播种，在播种前 1～2 天，用 50℃ 温水浸种 24～48 小时，去掉浮在水面的杂物和干瘪种子，取出饱满种子以备播种。浸好的种子捞出，沥干水分，用多菌灵拌种，以预防病害的发生。也可用 50％多菌灵 800 倍液浸泡种子。

播前要精细整地，施足基肥。一般应将土壤深翻 20～35 厘米，结合深翻，每亩施用 150～200 千克饼肥或 1000～1500 千克厩肥，将肥料均匀撒施于地表，然后耕翻，整平耙糖，作成宽 80～100 厘米的畦，保持畦间距 20～30 厘米，畦沟深 15～20 厘米，播种时可条播，也可撒播，条播时每亩用种 50～100 千克，在畦面按行距 10～15 厘米的标准开深 4～5 厘米的沟，将种子撒于沟内覆 4～5 厘米厚的细土即可。撒播时每亩用种量 100～150 千克，将种子均匀撒于畦面，用铁锹将种子稍拍实，使种子嵌入土面，促进种子与土壤密接，防止覆土时种子滑动，覆土 4～5 厘米。

在出苗后要加强管理，及时拔除杂草，减少杂草对幼苗生长的影响，天旱时注意浇水，夏季要注意降温，以促进幼苗健壮生长，提高其抗病力。牡丹苗期易发生叶斑病，可于 4 月中下旬喷 1∶1∶100 等量式波尔多液或 65％代森锰锌 600 倍液进行防治，以后每隔 15～20 天喷药一次，可很好地控制危害。

B. 分株繁殖　10 月上旬，采挖牡丹皮时将牡丹墩带根全部刨出，然后轻轻抖落泥土，将大根切下药用，选生长健壮、无病虫害的小根，根据情况从基部带芽切开，要求每小墩有 2～3 个芽头。小墩打开后放在阳光下稍晒一下，以便伤口愈合。在整好的地上，按株行距分别为 40～60 厘米、60 厘米的标准，挖深 30 厘米的穴，先浇水后再将牡丹墩放入坑内，埋好，压实。然后再往根部培土高出地面 9～15 厘米，以保持土壤湿润，促进成活。

C. 根接法　牡丹多用芍药根进行根接，于 9 月底 10 月初选直径 1.5～2.5 厘米、长 9～15 厘米无病虫危害的芍药根作砧木，将带有 1～2 个饱满芽的牡丹当年生的枝条作接穗。将选好的芍药砧木阴晾 2～3 天后（使其稍萎蔫），把牡丹接穗用刀削成楔形，砧木顶端切口中间向下劈一切口，将接穗插入。要求接穗与砧木的形成层密切接合，用塑料薄膜包扎，接后植于苗床上，用细土将接芽覆盖，来年春天将土耙去。嫁接 3 年后的接穗下部已长出自生根，此时进行移植。移植时将芍药根切除。

(2) 栽植

A. 园址选择　栽培牡丹宜选平地、丘陵、坡地，排水良好，通风，土层厚度达到 40～60 厘米，土壤以壤土、沙壤土、褐土最好，适宜的 pH 范围在 6～8 之间。

B. 苗木标准　选择苗龄在 2～5 年，无病虫害和机械损伤的苗子栽植。一般

2 年生苗，苗高应在 15～20 厘米之间，根颈粗在 0.8 厘米以上，有长 15～25 厘米的主侧根 2～3 条；3 年生苗木根颈应在 1.5 厘米以上，有长 25～30 厘米的主侧根 3～5 条；5 年生苗木根颈应在 2 厘米以上，有长度在 30～35 厘米的主侧根 7～8 条。

C. 旋耕整地　种前要对土壤进行旋耕，以创造疏松的土壤条件，结合旋耕，每亩施颗粒有机肥 100 千克、氮磷钾三元复合肥 50 千克，旋后按设计的行距起垄，要求旋深在 0.5 米以上，然后起宽 30 厘米左右、高 20～30 厘米的垄。

D. 适期栽植　牡丹可春栽，也可秋栽，春栽一般在 3 月下旬～4 月上旬进行，秋栽一般在 8 月下旬～9 月上旬进行。

E. 苗木处理　栽前对过长根系、出现劈裂的根系及枯萎的根系进行修剪，然后用 50％多菌灵 600 倍液杀菌剂蘸根处理。

F. 栽植密度　牡丹一般按照行距 0.6 米、株距 0.4 米的标准栽植。

G. 栽植方法　按株行距用锹在垄上挖深度 20～30 厘米的穴，掌握穴直径在 10～15 厘米之间，将苗木放入穴中，保持根系舒展，踏实土壤，覆土高于茎部原土印 2～3 厘米，土壤干燥时浇水。

（3）栽后管理

A. 中耕锄地　生长期内，要进行多次中耕，以疏松土壤，铲除杂草，保证牡丹植株健壮生长。

B. 水分管理　牡丹为深根性肉质根，怕长期积水，浇水不宜过多，土壤要适当偏干。当土壤含水量低于 60％时，要灌水补墒。一般有浇水条件的可在 10 月下旬～11 月中旬浇一次封冻水，3 月下旬～4 月上旬浇一次发芽水。雨季注意排水，防止田间积水，积水时间不能超过 20 小时。

C. 肥料管理　根据牡丹"春发枝、秋发根、夏打盹、冬休眠"的生长规律，种植前可施入少量底肥，以后每年施 2～3 次追肥，追肥应以有机肥、复合肥为主，可穴施，也可条施，施用深度掌握在 10～15 厘米之间。

D. 植株管理　栽后第 1 年，对苗木进行短截平茬，将病残枝、枯萎枝疏除；2～3 年生植株春季萌芽后，一般留丛状主枝 3～5 个，其余抹除；4 年生以上植株已形成树冠，可疏除过密枝、细弱枝，集中营养，促进枝条生长。

E. 摘花　在花开后，及时摘除，以节省营养，促进根系生长。

F. 培土越冬　幼小植株在秋末土壤封冻前可培土 15～20 厘米，以利于安全越冬。

G. 病虫害防治　危害牡丹的病虫主要有根腐病、灰霉病、褐斑病、金龟子、叶螨、蚜虫等，生产中应抓好防治，以促进植株健壮生长，提高根皮产量。

a. 根腐病　发病部位在根部，初呈黄褐色，后变黑色，病斑凹陷，大小不一，可达髓部，根部可全部或局部被害，病重植株老根腐烂，新根不生，地上部分叶黄、萎凋。

防治方法：一是培垄培土，及时排水，做到园内不积水。二是将病株挖出深埋，并在种植穴内撒一些石灰或硫黄粉进行土壤消毒。三是采用氟硅唑、甲基硫菌灵等杀菌剂灌根。

b. 灰霉病　主要危害叶片，在阴雨潮湿季节易流行，发病严重时叶片干枯，幼茎和花瓣腐烂。

防治方法：及时清理灌木下部分枝，保持行间通风透光；在病害发生初期喷70％甲基硫菌灵800～1000倍液或50％多菌灵500～600倍液防治。

c. 褐斑病　是常见叶部病害之一。发病初期叶片产生褐色至黑褐色圆形病斑，病害后期，病斑上生黑色霉层，相邻病斑愈合成不规则形的大斑。发病严重时，叶片布满病斑，造成落叶。

防治方法：清理灌木和树干上的分枝，保持行间通风透光；在发病初期应用10％氟硅唑6000倍液或43％戊唑醇3500～4000倍液等杀菌剂喷洒。

d. 红斑病　主要危害嫩茎、叶柄。病原菌可通过伤口侵入。嫩茎、叶柄上的病斑出现在3月下旬，新叶见针头状病斑，逐渐扩展相连成片，6月中旬至7月下旬为发病盛期。

防治时可在发病初期喷50％多菌灵可湿性粉剂600倍液或70％甲基硫菌灵可湿性粉剂800倍液，控制危害。

e. 锈病　主要危害叶片。锈病发生时，植株的光合作用受阻，导致株势衰弱，不利于产量提高。防治时除选地势高燥、排水良好的地方种植外，在发病初期可喷10％氟硅唑6000倍液、戊唑·多菌灵（龙灯福连）1000～1200倍液、40％腈菌唑可湿性粉剂8000倍液、25％丙环唑6000～7000倍液、43％戊唑醇悬浮剂4000倍液、20％三唑酮（粉锈灵）可湿性粉剂1000～1500倍液、30％碱式硫酸铜（绿得保）300～400倍液、97％敌锈钠可湿性粉剂250倍液、50％甲基硫菌灵可湿性粉剂600～800倍液、12％腈菌唑可湿性粉剂2000～2500倍液等，均有良好的防治效果。

f. 金龟子　在大量发生时，可在成虫羽化出土高峰期，利用其趋光性，在园内安装黑光灯进行捕杀；结合松土，每亩用5％辛硫磷颗粒5～7千克，撒于树冠下地面，翻入土中，毒杀幼虫；在成虫大发生期傍晚，叶面喷10％吡虫啉乳油2000倍液，毒杀成虫。

g. 叶螨　春季注意观察，发现叶片上有叶螨出现时，可喷0.3～0.5波美度石硫合剂进行防治。叶上发现叶螨成虫后，摘除叶片后烧掉，喷1.8％阿维菌素4500～5000倍液进行防治。

h. 蚜虫　在蚜虫发生时，喷10％吡虫啉乳油2000倍液或1.5％苦参碱600

倍液防治。

(4) 采收加工 分根繁殖的牡丹植株生长 3～4 年或种子繁殖的植株生长 5～6 年时，在 10 月份将根挖出，取粗、长的根切下（其余的根繁殖用），去净泥土，抽去心木，按粗细分级，晒干，再用竹刀刮去外皮，即为"牡丹皮"。

牡丹皮以条粗长、无心木及须根，皮厚粉性足者为佳（图 2-93）。

将加工好的牡丹皮装箱，置于干燥通风处贮藏，贮藏过程中要注意防虫蛀霉烂。

图 2-93 成品牡丹皮

三十四、菊花栽培技术

【功效及主治】

菊花为多年生菊科草本植物，药用部位为头状花序，具有疏风除热、清肝明目的功效。主要用于治疗风热感冒、肝阳眩晕、头痛目赤等症。

【形态特征】

菊花株高 50～100 厘米之间，茎直立，分枝。叶单生互生，头状花序单生于枝顶或叶腋，花呈黄色（图 2-94），花期 10～11 月。根茎为白色，茎顶呈紫色、紫红色或紫绿色，顶芽略有香味。根茎多带须根。

【生长习性】

菊花喜温暖，耐寒冷，能抗晚霜，地下根可耐−20℃低温，在幼苗发育至孕

图 2-94　菊花植株

蕾前宜较高的气温。喜阳光，忌荫蔽，怕风寒。在地势高燥、排水良好的沙质壤土地上生长旺盛。黏土及低洼积水的地方、盐碱地上种植表现不良。

【栽培要点】

（1）繁殖方法　菊花可采用分株繁殖法，也可采用扦插繁殖法。

A. 分株繁殖　秋天采菊花时，选生长健壮、无病虫害的植株作好标记，翌年 4 月底～5 月初，选择阴天将菊花根全部刨出，轻轻震荡附土，一株株分开，分开的植株上要求有一定的须根，有 4～5 片叶。栽培时打掉顶端。在整好的地上，按行距 50 厘米、株距 30 厘米的标准挖深 15 厘米左右的穴，先在穴内浇水，待水渗下后，将分开的植株放在里边，用土埋好即可。

B. 扦插繁殖　从菊花母株上截取 9～12 厘米长的幼嫩枝条，作为扦插材料。先在苗床上按行距 15～18 厘米的标准开深 6 厘米的沟，浇水，然后将插条按株距 6 厘米的间距摆放入沟中，用土埋好，上端露出地面 3 厘米左右，插好插条后，苗床用苇帘或麦草覆盖，以保持苗床内湿润。插后 20 天左右即可生根。生根后的菊花还可在苗床内继续生长，等植株生长健壮后植入大田中，移栽时要把根子折断，不要栽得过深。

（2）移栽　选择背风向阳，土层深厚、肥沃，排灌良好的地块栽植，移栽前要对土壤进行耕翻，翻深 25～30 厘米，结合耕翻，亩施充分腐熟的农家肥 3000 千克左右，然后整成宽 1.2 米的畦，每畦栽两行，行距 50 厘米，株距 30 厘米，栽后浅浇水，以利于根土密接，促生新根，提高成活率。

（3）栽后管理

A. 中耕除草　菊花幼苗生长期间，易发生草荒现象，杂草会和菊花幼苗形成争肥、争水、争空间的矛盾，严重影响幼苗生长，因而要及时清除杂草，以保证菊花幼苗健壮生长。结合除草松土，保持表土不板结，促进根系下扎。在菊生长中后期，植株高大，易发生倒伏，可结合除草，进行培土。

B. 追肥　为了促进多开花、开大花，在花蕾期可追施一次有机肥，追肥最好用充分腐熟的饼肥，每亩用50～75千克，对产量的提高是非常有利的。

C. 水分管制　菊花喜湿润，但怕涝，在幼苗期要少浇水，以控制植株生长，防止出现徒长，影响产量的形成，到孕蕾期，有浇水条件的要适当浇水，以促进花朵生长。在雨后，要及时排除田间积水，防止出现根部腐烂现象。

D. 打顶　在6～7月茎高约30厘米时，将植株顶部生长点掐掉，促使主秆加粗生长，促生分枝，到7月中下旬，侧枝长15厘米左右时，将侧枝顶掐掉，以增加花蕾数量。

E. 病虫防治　菊花生产中易发生叶枯病和蛀心虫危害，要注意防治。叶枯病在雨季发生严重，发病初期在叶片上出现圆形或椭圆形的紫病斑，后期病斑上出现黑点，最后整个叶片干枯。田间发病初期可喷65％代森锌500倍液或50％多菌灵600倍液防治。蛀心虫主食茎秆，导致菊花折枝，在田间发现危害时，及时摘除受害的茎枝，集中烧毁，成虫发生时喷48％毒死蜱1500倍液防治。

（4）采收加工　10～11月份菊花先后开放，可分批采摘，先摘花瓣平展的。采摘应在晴天无露水时进行，这样采摘的菊花洁白、品质好。采摘后将菊花摊开，放在通风干燥处。

加工时把花放在小蒸笼里，厚度不要超过3厘米，置锅上蒸5分钟左右，取出，放在竹席上晒干，晒时不要翻动，保持原形。干后贮藏。一般干燥快的色白、质好，干燥慢的色淡，影响品质（图2-95）。

图2-95　干菊花

三十五、红花栽培技术

【功能及主治】

红花又叫草红花，是菊科一年生草本植物，具有活血、破瘀、通经的功效。主治经血不调、产后腹痛、外伤瘀血肿痛等症。

【形态特征】

茎直立、基部木质化，叶互生，头状花序顶生，花橘红色（图 2-96），花期 7～8 月，果期 8～10 月。

图 2-96　红花植株

【生长习性】

红花喜干燥和阳光充足的环境条件，怕高温多湿，具有一定的抗旱、抗寒能力。对土壤要求不严，在地势高燥、排水良好、肥力中等的沙壤土上栽培表现良好。

【栽培要点】

（1）**选地整地**　选择高燥、向阳、排水良好的地块作栽培地，种前对土壤进行耕翻，翻深 15～20 厘米，结合耕翻亩施入优质农家肥 3000 千克左右，磷酸二铵 15 千克左右作底肥。

（2）**播种**　早春清明前后，在整好的地上按行距 30 厘米，株距 24 厘米左右的标准挖 3 厘米深的穴。种子用 50℃的温水烫种 10～15 分钟，取出稍晾后，每个挖好的穴中点播 3～5 粒，覆土 3 厘米，稍压实。每亩用种量 2.5 千克。

（3）田间管理

A. 间苗　红花出苗后，当幼苗长到 9～12 厘米高时，选留生长健壮、无病虫害、大小适中的苗，每穴留 1 株，其余的拔除。

B. 培土　在苗高 30 厘米左右时，结合锄草往根部培土，以防开花后植株倒伏。

C. 肥水管理　在出苗前和现蕾期，保持土壤湿润，雨季注意排水，防止田间积水。在现蕾后每亩施磷酸二铵 12～15 千克。

D. 打顶　在苗高 15～18 厘米时，将顶芽打去，促使多分枝，增加花蕾数，提高产量。

E. 病虫防治　红花生产中易受炭疽病、锈病、蚜虫等危害，影响产量形成，要注意防治。炭疽病发生初期可喷施 80％福·福锌（炭疽福美）可湿性粉剂 800 倍液防治，锈病发生时可喷 10％氟硅唑微乳剂 2000 倍液或 20％三唑酮乳油 1500 倍液防治；蚜虫发生时可喷 10％吡虫啉乳油 2000 倍液防治。

（4）采收加工　7～8 月份当花由黄色变橘红色还未变成红色时采收，采摘最好在早晨露水稍干后进行，避免在烈日或雨天进行。

收获的红花忌曝晒，否则红色褪去，影响质量，应以晾晒为主，晾晒时应摊在通风阴凉处，晾干即可。

成品红花以油润、红色、无杂质、无霉变者为佳（图 2-97）。

图 2-97　成品红花

三十六、款冬栽培技术

【功能及主治】

款冬，是菊科多年生草本植物，以花蕾入药，具有润肺止咳、消痰下气的功效。主治风寒咳嗽、痰多痨咳、咯血等症。

【形态特征】

根状茎横生，叶基生有长柄，头状花序着生于茎端，花先于叶开放，在土内形成花蕾，出土后的花蕾为紫色（图2-98），开放后呈黄色（图2-99），雌雄同花，花期2～3月。

图 2-98　款冬花花蕾

图 2-99　款冬植株

【生长习性】

款冬喜凉爽湿润的气候，怕高温和干燥，对土壤要求不严，但以表土疏松、底土紧实较好，黏土上栽培表现不好，在红壤土上栽培，花蕾色泽鲜艳。忌连作。

【栽培要点】

(1) 选地整地　选择凉爽，土质肥沃，排灌方便的沙壤土地块作栽培地，在播种前对土壤进行耕翻，耕深掌握在 20 厘米左右，结合耕翻，亩施入充分腐熟的农家肥 3000 千克左右，磷酸二铵 15 千克左右作底肥。翻后将地整平。

（2）繁殖方法 款冬可用种子繁殖，也可用根状茎繁殖，由于种子繁殖从播种到开花时间过长，因而应用较少，生产中以根状茎繁殖为主。初春将地下茎刨出，选择粗壮多花、无病虫害的根状茎，剪成6～9厘米长，其上要求有2～3个芽节，将其作为繁殖材料。在整好的地上按株行距20～30厘米的标准，开深6厘米的沟，将根茎摆在沟内，覆土压实，15天左右即可出苗。

（3）出苗后管理

A. 中耕除草 在款冬出苗后要及时清除田间杂草，保证款冬幼苗健壮生长，除草时注意不要翻太深，防止伤根。

B. 培土 在6月以后除草时，可给根部培土，以防花蕾生长出土、颜色变绿，影响质量。

C. 施肥 款冬的花期为2～3月，在生长前期不宜施肥，以防止植株徒长，在9～10月份可结合中耕，每亩施磷酸二铵15～25千克。

D. 打叶 6～7月份气温升高，款冬叶片伸展加快，当叶片过密，影响通风透光时，可将基部老叶或植株上有病叶片打掉，以保持田间通透性良好。

E. 病虫防治 款冬生产中易出现萎缩性叶枯病、斑点病、蚜虫等病虫害，影响产量，要注意防治。在夏末秋初多雨季节，注意排除田间积水，以减少叶枯病的发生；当田间出现斑点病时，及时打掉病叶集中烧毁，田间喷施50％多菌灵500～600倍液等杀菌剂控制危害；蚜虫危害时喷3％苦参碱600倍液控制危害。

（4）采收加工 霜降到立冬期间，将款冬根部的土刨开，摘下花蕾，如带有泥土，不要用水冲洗、揉搓，防止变色，影响品质。收后的花蕾要防露霜及雨淋，应放在通风阴凉处晾干，在晾的过程中不能日晒也不要手翻。

成品款冬花以花大丰满、色泽紫红、无花梗、无杂质者为佳（图2-100）。花蕾瘦小、色淡或发暗者次之。

图 2-100 干款冬花

三十七、远志栽培技术

【功能及主治】

远志具有安神、化痰消肿的功效，主要用于治疗惊悸健忘，痈疽疮肿，咳嗽多痰，失眠多梦等症。

【形态特征】

远志又叫小草，是远志科多年生草本植物，药用其根，高 30 厘米左右，茎丛生，直立或斜展。叶无柄，线形。总花序顶生，花小淡蓝色（图 2-101）。根圆柱形（图 2-102）。种子黑棕色，花期 5～6 月，果期 6～8 月。

图 2-101 远志叶花

图 2-102 远志鲜根

【生长习性】

远志喜凉爽气候，耐干旱，怕高温。在向阳、排水良好的沙质壤土上生长良好，黏土、低洼、石灰质的土地不宜种植。

【栽培要点】

(1) 播种 远志发芽要求温度在20℃以上，耐旱不耐涝，不宜在水地发展。春播需在4月份，播后覆盖地膜，出苗后揭膜。直播一般以6～8月为宜，方法为用木耧开3～5厘米的浅沟，将种子与5倍细绵沙混匀，撒于沟内，覆土1～2厘米，再用麦衣顺行覆盖0.5厘米厚，踏实。播种的种子在播前要进行药剂拌种，每千克种子用辛硫磷对水100克，充分拌匀稍闷晾干即可播种。每亩播种量1～1.5千克。

(2) 苗期管理 苗期主要管理为防草荒，对于田间杂草要及时清除，除草时注意，在苗高3～6厘米时，中耕宜浅，苗高6～9厘米时，雨后可适当深中耕，但要控制中耕次数，不宜过多。

(3) 施肥 远志需肥量少，一般在播种后第2年春季结合中耕追施一些化肥即可，一般每亩施尿素10～12千克，过磷酸钙25～30千克，硫酸钾2.5～5千克。追肥时要在行间施用，要避免肥料与根系接触，以防烧根，最好在雨后乘墒施用，以充分发挥肥效。

(4) 采种 5月中下旬，远志生长旺盛，并不断现蕾开花，为了做好远志种子的收播，可在雨天后乘墒顺垄把地面刮平，拾去杂草，然后踏实。待远志大量现蕾开花时可喷0.2%的磷酸二氢钾，可延长花期，多结籽，防止植株早衰。种子成熟后（种皮发黑）自然落地，然后人工清扫，收集后清除杂物，晒干拍净装袋贮藏。

(5) 病虫防治 远志播种后易受地下害虫危害，出苗后易受拟地甲危害，病害以白粉病、灰霉病、炭疽病、根腐病较常见，要加强防治。

地下害虫防治除种子播前药剂拌种外，还应做好地面用药，方法是用48%毒死蜱1500倍液进行地面喷洒，或者将其喷在麦衣上搅匀，播种后用麦衣覆盖0.5～1厘米，人工踏实或镇压，可很好地控制地下害虫危害。在出苗后，如出现拟地甲危害时可喷48%毒死蜱1500倍液防治。病害多发生在降雨多、田间湿度大、土壤通透性不良的地块，一般每年在雨季用50%多菌灵可湿性粉剂600倍液和70%甲基硫菌灵可湿性粉剂800倍液交替喷1～2次，即可控制危害。

(6) 采收加工 远志生长2～3年后，根部粗0.3～0.5厘米，深达30厘米以上，秋季至翌年春季均可采收，采收时从地一头开始挖掘，挖后晾至半干时抽去中间木质部，剩外皮成筒状，然后晒干待售，加工入药（图2-103）。中间木质部捆把晒干也可入药。

图 2-103　干远志皮

三十八、薄荷栽培技术

【功能及主治】

薄荷为唇形科薄荷属多年生宿根性草本植物，中医以全草入药，具有清热解毒、疏散表里、清利咽喉的功效。主治外感发热、头痛及风热所致的咽喉红肿疼痛等。

【形态特征】

薄荷为多年生草本植物，根系发达，根茎大部分集中在土壤表层向下 15 厘米的范围内，水平分布约 30 厘米，株高 30～80 厘米，全身披毛。一般匍匐地面而生。茎四棱，密生柔毛。地上茎赤色或青色，地下茎白色。叶椭圆形或柳叶形，单叶对生，绿色或赤红色，叶缘有锯齿，叶腋可抽生侧枝。花朵小、淡紫色，腋生轮伞花序（图 2-104）。花期 8～9 月，果期 9～11 月。种子小，黄色。根茎和地上茎均有很强的萌芽能力。

【生长习性】

薄荷喜温暖湿润的气候，是一种适应性较强的植物，地上茎生长最适温度为25℃左右，一般 5～6 月份茎叶生长最快，较耐热，气温 30℃ 以上时也能正常生长，气温降到－2℃时地上部分会受冻枯萎，但地下茎耐寒性强。喜湿润，但不耐涝；喜阳光充足。薄荷适应性强，在海拔 300～2000 米的地区均可种植，但在海拔 300～1000 米的地区种植时，其含油量和薄荷醇含量较高。对土壤适应性广，可在多种土壤上生长。

图 2-104　薄荷植株

【栽培要点】

（1）繁殖方法　选向阳平整的土地，施足基肥，整平耙细，然后作畦待用。选择生长旺盛、气味浓郁的植株作种株用，繁殖时可用根茎、秧苗、地上茎、种子等，可根据实际情况选择繁殖方法。

A. 根茎繁殖　薄荷在春秋季都可种植，秋末割取地上部分，或春季未萌发前，将根茎挖出，选肥大、白嫩的根茎，截成 6 厘米左右的小段，开沟种植，沟深 9 厘米左右，行距 30 厘米，株距 15～18 厘米放一段，然后覆土，稍压实，浇水。

B. 秧苗繁殖　选生长良好，品种纯正，无病虫害的作种苗。秋季收割后，立即中耕除草和追肥一次，第二年苗高 12～15 厘米时移栽，定植于前作物中间，株距 15 厘米左右，也可定植于空地内，行株距以 24 厘米和 18 厘米为宜，挖穴栽植，栽深 6～8 厘米，每穴 1～2 苗，栽后覆土，压实，成活后割去地上部分，让其萌发更多的地上茎。

C. 地上茎繁殖　用第一次收割的茎叶，切成 18 厘米左右的段，作为插条，保证每段有三个芽，定植时上部留 1～2 节，行株距及管理按秧苗繁殖方法。

D. 种子繁殖　清明前后，做阳畦，畦内土壤由沙壤土、熟粪土、细沙按 1∶1∶1 配成。播前浇透水，再把种子均匀撒入，然后用细铁筛筛下细沙覆盖种子，上面用塑料薄膜罩住。15～20 天即可出苗，出苗后中午阳光过强时打开薄膜透气，同时拔除畦内杂草。土壤过干时用细嘴喷壶喷浇。苗高约 6 厘米时，选择阴天或晴天的下午，移入大田，栽后浇水。行株距同秧苗繁殖。

（2）田间管理

A. 中耕除草　在苗高 9 厘米左右时除草一次，收割后再进行一次中耕松土，以切断部分根茎，防止过密。

B. 追肥　结合中耕进行，将肥料均匀撒施田间，然后中耕埋压，可追施氮磷钾三元复合肥，按苗大小，每次每亩施 7～10 千克。

C. 浇水 有浇水条件的在施肥后浇一次水，以加速肥料转化，提高植株利用率，天旱时要及时浇水，以保证植株健壮生长。

D. 病虫治 薄荷生产中最主要的病虫害有锈病和红蜘蛛、蚜虫等，生产中可根据发生情况，适时喷药防治，锈病在发病初期喷20％三唑铜（粉锈宁）可湿性粉剂1000～1500倍液、30％碱式硫酸铜（绿得保）300～400倍液、97％敌锈钠可湿性粉剂250倍液或50％甲基硫菌灵可湿性粉剂600～800倍液防治；蚜虫发生时可喷3％啶虫脒乳油2500～3000倍液或10％吡虫啉1500倍液、48％毒死蜱（乐斯本）1500倍液防治；红蜘蛛发生时可喷1.8％阿维菌素乳油4000～5000倍液、73％炔螨特（克螨特）乳油2000～4000倍液、25％哒螨灵（扫螨净）600～800倍液防治。

(3) 采收加工 薄荷生长得好，一年可收两次，第一次在夏季，第二次在秋季。待叶片肥厚，散发出浓郁的薄荷香气时，便可收割，收割宜在晴天的上午进行，用镰刀齐地割下茎叶部分，收割的茎叶立即摊开阴干，捆成小把，供药用。

薄荷以茎枝匀称、身干、无根、叶密葱绿、香气浓郁者为佳（图2-105）。

图 2-105　成品干薄荷

三十九、牛膝栽培技术

【功能及主治】

牛膝又叫牛夕，为苋科多年生草本植物，以根入药，除根外，其茎叶也有很高的药用价值。具有破血行瘀，补肝肾，强筋骨的功效。主治经闭瘀血，腰膝疼痛等症。

【形态特征】

牛膝株高 70～90 厘米，茎直立，有粗节，呈绿色或紫红色，叶椭圆，对生。穗状花序，花小（图 2-106）。根长圆柱形，略弯曲，表面淡灰棕色，有细密的纵皱纹（图 2-107）。花期 7～8 月，果期 9～10 月。

图 2-106　牛膝植株

图 2-107　牛膝鲜根

【生长习性】

牛膝喜温暖湿润的气候，在排水良好的沙壤土上生长良好，在黏重、盐碱土上生长不良，耐寒。

【栽培要点】

（1）选地整地　种植牛膝宜选择土层深厚，土质肥沃、疏松的地块，在播种前要进行深翻，减少根系生长阻力，以利于高产，耕深应在 40 厘米以上，结合耕翻，亩施入优质农家肥 3000 千克以上，磷酸二铵 20 千克左右作底肥，增加土壤养分含量。耙平作宽 1～1.2 米的畦。

（2）播种 牛膝播种时，可湿播，也可干播。湿播时，在播前将种子用 20℃左右的温水浸泡 12 小时，捞出等种子稍干后即可播种，将种子均匀撒于畦面，用耙轻搂一下，盖草或地膜保温保湿；干播时将种子直接撒于畦面，用耙轻搂，用草或地膜覆盖保温保墒，出苗后清除覆盖物。每亩用种 0.5 千克左右。

（3）田间管理

A. 中耕除草 在牛膝出苗后开始分枝时，经常用小锄松土，清除杂草。定苗后用大锄除草，除草过程中耕宜浅，防止伤根。

B. 间苗 当苗高 6～9 厘米时，间苗一次，苗高 15～20 厘米时，按株行距 12 厘米的标准定苗。

C. 补肥 在苗高 6 厘米左右时，每亩施尿素 10 千克左右，以促进幼苗生长。

D. 病虫防治 牛膝生产中易受叶斑病、夜蛾幼虫危害，要注意防治。叶斑病多发生在夏季，当田间出现危害时，可喷 80％代森锰锌（大生 M-45）可湿性粉剂 1000 倍液防治。夜蛾幼虫多发生在苗期，可用 25％除幼脲悬浮剂 2500 倍液、25％除虫脲（敌灭灵）可湿性粉剂 1000 倍液，青虫菌 6 号悬浮剂 600 倍液，Bt 乳剂 600～1000 倍液等喷防。

（4）收获加工 冬季土壤封冻前或第二年春季土壤解冻后收获，收获时先将地上部分割除，从地的一端开沟，然后依次刨根。挖出的牛膝根抖净泥沙，除去须毛根，在阳光下晒至五成干时，扎成小把再晒干。

成品干货具油性，长圆柱形直根，内外灰黄色，长短不限，去净芦头，条粗 5 毫米以上，无冻头、油条、虫蛀、霉变、杂质的为上品（图 2-108）。

图 2-108 干牛膝根

四十、甘草栽培技术

【功能及主治】

甘草为豆科多年生草本植物，又叫甜草根，以根入药。具有补气益血、清热解毒、调和诸药的功效。主治心烦不安、脾胃虚弱、痈肿疮毒等症。

【形态特征】

茎直立，株高 30～90 厘米，全株密生短毛；叶为奇数羽状复叶，互生，卵圆形，生有柔毛；总状花序腋生，花密集，花冠蝶形，蓝紫色（图 2-109）；荚果呈镰刀状弯曲，密生腺刺毛；甘草主根圆柱形，粗、长，外皮红棕色或棕褐色，内部黄色，味甜（图 2-110）。花果期 6～8 月。

图 2-109　甘草植株

【生长习性】

甘草适应性强，抗寒、抗旱，在沙壤土上生长粗壮，产量高。黏土地上生长缓慢。

【栽培要点】

(1) 选地整地　甘草是豆科甘草属多年生草本植物，根茎发达，入土深，宜

图 2-110　甘草鲜根

旱作，耐盐碱，强阳性，喜钙，怕涝，生命力很强。栽培甘草选择地下水位1.50米以下，排水条件良好，土层厚度大于2米，内无板结层，pH在8左右，灌溉便利的沙质土壤较好。栽培地最好秋季深翻，若来不及秋翻，春翻也可以，但必须保证土壤墒情，打碎坷垃、整平地面，否则会影响全苗壮苗。

(2) 繁殖　甘草既可播种繁殖，又可用根状茎繁殖。

A. 播种繁殖　可秋播，也可春播。春播的播前对土地深翻30~45厘米，结合深翻，每亩施充分腐熟农家肥4000~5000千克，翻后耙平。于2月上旬将种子用电动碾米机进行碾磨，或将种子称重后置于陶瓷罐内，按1千克种子加30毫升80%的浓硫酸进行拌种，用光滑木棒反复搅拌，在20℃温度下经过7小时的闷种，然后用清水多次冲洗后晾干备用，以提高发芽率。将磨破的种子沙藏两月后播种。或者用55℃温水浸泡4~6小时，捞出种子放在温暖的地方，上盖湿布，每天用清水淋2次，出芽即可播种。秋播于7~8月份播种，不催芽。播种时可条播，也可穴播，条播时按行距30厘米的标准，开宽1.5厘米、深2~3厘米的沟，将种子均匀撒入沟内，将沟埋平。穴播时按行距30厘米、株距5厘米的标准，挖深2~3厘米的穴，每穴播5粒，覆土后一定要注意种子和土壤密接，土干要浇水，每亩用种子2千克左右。

B. 根状茎繁殖　结合春秋采挖甘草时进行，粗的根药用，细的根茎截成4~5厘米的小段，上面有2~3个芽，在头一年秋天地整好的畦内，按行距30厘米的标准，开10厘米深的沟，按株距15厘米把根平放，覆土、整平、浇水。

(3) 苗期管理　出苗前后，保持土壤湿润，土壤墒情差时要浇水，苗长出2~3片真叶按株距10~12厘米间苗，结合间苗除草。根状茎露出地面后培土，拔除杂草，防止杂草丛生，第一、二年和粮食等作物间套种，合理利用土地。封冻前，每亩追施农家肥料2000~2500千克。

(4) 大田管理

A. 中耕除草　播种当年一般中耕 3～4 次，以后可适当减少中耕次数，结合中耕主要消灭田间杂草。

B. 施肥　第 2、3 年每年春季秧苗萌发前每亩追施磷酸二铵 25 千克左右。开沟施于行侧 10 厘米深处，沟深 15 厘米，施肥后覆土。

C. 灌水　有浇水条件的，播种当年灌水 3～4 次，第 1 次灌水在出苗后 1 个月左右进行，以后每隔 1 个月灌水 1 次，10 月中旬灌越冬水，第 2、3、4 年可逐渐减少灌水次数。

D. 定苗　当甘草秧苗长到 15 厘米高时可进行定苗，株距 15 厘米，每亩保苗 2 万株左右。

E. 病虫害防治　甘草病虫害主要有锈病、白粉病、红蜘蛛等，生产中要加强防治，以减轻损失。

被锈病侵害后，叶的背面出现黄褐色的疱状病斑，破裂后散发褐色粉末，影响植株光合作用的进行，田间出现危害后把病株集中起来烧毁。发病初期喷 43％戊唑醇悬浮剂 3000 倍液或 40％氟硅唑乳油 8000 倍液、1000 倍噻霉酮（菌立灭）、4000 倍甲基硫菌灵（果康宝）等内吸性杀菌剂进行预防。

褐斑病发生后，叶片产生圆形和不规则形病斑，中央灰褐色，边缘褐色，病斑的正反面均有灰黑色霉状物，影响光合作用的进行，田间出现病害后要及时将病株拔除烧毁。发病初期喷 10％苯醚甲环唑水分散粒剂 2000 倍液加 70％丙森锌可湿性粉剂 600 倍液防治。

白粉病危害后叶片正反面产生白粉，影响光合作用的进行。在发病初期可喷 50％多菌灵可湿性粉剂 1000 倍液、20％三唑酮乳油 3000 倍液进行防治。

蚜虫以成、若虫吸食茎叶汁液，严重时造成茎叶发黄。田间出现危害时喷 20％甲氰菊酯（灭扫利）乳油 3000 倍液或 5％吡虫啉乳油 3000 倍液防治。

红蜘蛛主要侵害叶片和花序。叶片被害后，叶色由绿变黄，最后枯萎。此虫多藏于叶背面。田间出现危害后喷 1.8％阿维菌素 5000 倍液、24％螺螨酯（螨危）悬浮剂 4000 倍液、20％三唑锡悬浮剂 1500 倍液、5％噻螨酮（尼索朗）乳油 2000 倍液进行防治。

(5) 采收加工　甘草一般生长 4～6 年收获经济效益比较好。种子繁殖 3～4 年，根状茎繁殖 2～3 年即可采收。在秋季 9 月下旬至 10 月初，地上茎叶枯萎时采挖。收获前可先割去茎叶，沿行两侧进行挖掘，甘草根深，必须深挖，不可刨断或伤根皮，待根茎露出地面 40 余厘米后，用力拔出，拔出的根茎要切去芦头、根尾、侧根，去净泥土，晒干，按粗细大小分捆。

直立根茎称为"棒草"，横生根茎称为"条草"，侧生根茎称为"毛草"。"棒草"再分级、分等，长短理顺后捆成小捆，晾至半干再捆成大捆，待风干后上市销售。

成品以粗长，皮细紧，坚实，色棕色，粉性足，断面黄色带白者为佳（图 2-111）。条细、皮红、断面黄、无杂质者次之。

图 2-111　成品甘草

四十一、大黄栽培技术

【功能及主治】

大黄为蓼科大黄属多年生草本。以根茎及根加工干燥后入药，具有泻热通肠，逐瘀通经，凉血解毒，化瘀止血的功效。主治瘀血经闭，跌打损伤，湿热黄疸，血热吐衄，实热便秘，积滞腹痛，肠痈腹痛，泻痢不爽，目赤咽肿，痈肿疔疮等症。外治水火烫伤，上消化道出血。

【形态特征】

药用大黄为多年生高大草本，高 1.5 米左右。茎直立，疏被短柔毛，节处毛较密。根生叶有长柄，叶片圆形至卵圆形，直径可达 40 厘米以上，掌状浅裂，或仅有缺刻及粗锯齿，前端锐尖，基部心形，主脉通常 5 条，基出，上面无毛，或近脉处具稀疏的小乳突，下面被毛，多分布于叶脉及叶缘；茎生叶较小，柄亦短，叶鞘筒状，疏被短毛，分裂至基部。圆锥花序，大形，分枝开展，花小，径 3～4 毫米，4～10 朵成簇；花被 6，淡绿色或黄白色（图 2-112），2 轮，内轮者长圆形，长约 2 毫米，先端圆，边缘不甚整齐，外轮者稍短小；雄蕊 9，不外露；子房三角形，花柱 3。瘦果三角形，有翅，长 8～10 毫米，宽 6～9 毫米，顶端下凹，红色。根肉质，有须根（图 2-113），花果期 6～7 月。

图 2-112　大黄植株

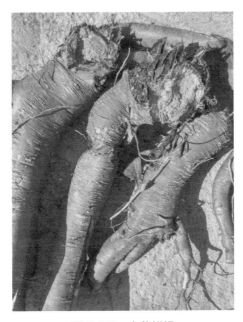

图 2-113　大黄鲜根

【生长习性】

大黄喜凉爽气候，怕高温，适宜生长的温度为 15～25℃，气温超过 28℃ 生长缓慢，高温持续时间过长会被热死。在海拔 1500 米以上的山区生长良好，以排水良好、土层深厚的腐殖质土或沙质壤土为佳；其次是较深的灰棕色土壤；不宜于黏重土质或过于粗松的土地种植，否则块根长不肥大或根系分叉较多，品质较差。4～6 月生长较快，7 月生长缓慢以至于停止生长，8～9 月以后恢复快速生长，植株生长到第三年才开花结果，种子发芽温度 10～13℃，最适温度 15～20℃，只要土壤湿润、温度适宜，经过两昼夜即可萌发。种子寿命在自然条件下只有一年，怕积水，高温多雨季节易烂根。

【栽培要点】

(1) 繁殖 大黄可用种子繁殖，也可用茎芽繁殖。

A. 种子繁殖 选择 3 年生无病虫害的健壮植株，6～7 月抽出花茎时，在花茎旁设立支柱，以免花茎被风折断以及所结的种子被风摇落。较寒冷地区，在 10 月，待种子部分变为黑褐色而未完全成熟时（熟透易于落粒），将种子剪下阴干或晒干，再选其饱满成熟的种子供播种用。种子宜储于通气的布袋中，挂于通风干燥处，勿使它受潮，否则影响发芽率；不可储于密闭容器中。

B. 茎芽繁殖 在大黄收获时，采取母株根茎之芽或有芽的侧根栽植，其分离或切割的伤口，容易腐烂，应涂以草木灰。用茎芽繁殖可以缩短种植时间，且品质优良、不易变种，但难获大量种芽扩大栽培。

(2) 育苗与苗地管理 苗床多选择于土壤疏松、土质肥沃的地块，播前耕翻耙平，结合整地亩施优质农家肥 3000 千克左右，作成 140 厘米宽的高畦，然后播种。大黄既可秋播又可春播，春播于 3 月初进行，翌年 3 月下旬至 4 月上旬定植；秋播于当年 7 月下旬～8 月上旬采种之后立即进行，育成苗后，于翌年 7～8 月定植。播种方法，撒播条播均可。如条播，行距 23～27 厘米，开浅横沟播种其中，覆盖以草木灰，厚度以不显种子为度，并盖麦草，防止鸟等啄食种子。如果土壤干燥，播种后应适当浇水，以促进种子的发芽。种子发芽后，除去盖草，并注意浇水和施 2～3 次稀薄的粪水，促进幼苗生长。幼苗过于稠密时，须间苗拔草，保持苗距 10～13 厘米，以培育壮苗。幼苗在初冬地上叶片枯萎时，应用草或落叶完全盖好，避免冻坏，到翌年春季解冻，幼苗开始萌发之后，才能揭去。每亩需要种 5 千克左右。育苗 1～2 年后移栽。

(3) 移栽 大黄可秋季移栽，也可春季移栽，移栽前对种植地深翻 35 厘米左右，结合耕翻每亩施草木灰 500～700 千克，或优质农家肥 3000 千克左右，创造疏松肥沃的土壤条件，然后挖深 17 厘米以上、株行距各 68 厘米左右的穴，春栽在土壤解冻后 3～4 月进行，秋栽在 7 月将幼苗或根芽移栽穴内。每亩需种苗

1500～2000 株，能够栽的幼苗、块根以中指粗为宜，并需剪去幼苗的侧根及主根的细长部分，这样便于定植，又能增进品质。然后将幼苗直栽于穴内，每穴 1 株，覆以细土或草木灰，压紧根部。如土壤过分干燥，栽后浇水定根。

（4）栽后管理

A. 中耕　大黄栽后 1～2 年植株尚小，杂草容易滋生，除草中耕的次数宜多，至第 3 年植株生长健壮，能遮盖地面抑制杂草生长，每年中耕除草 2 次就可以。

B. 追肥　大黄为耐肥植物，施肥是提高大黄产量的重要方法之一，而且能提高有效成分的含量，第 1 年、第 2 年秋季每亩施磷酸二铵 20 千克左右。

C. 割花茎　大黄抽出花茎时，除留种的部分花茎之外，应及时用刀割去，不使其开花，以免消耗养分。花可作饲料。

D. 壅土防冻　大黄根块肥大，不断向上增长，故在每次中耕除草施肥时，结合进行壅土，逐渐在植株四周做成土堆状，既能促进块根生长，又利于排水。在冬季叶片枯萎时，用泥土或蒿草、堆肥等覆盖 6～10 厘米厚，防止根茎冻坏，引起腐烂。

E. 病虫害防治　大黄生产中易受根腐病、叶斑病、蚜虫、甘蓝夜蛾、金花虫、蛴螬等病虫危害，影响产量，生产中要加强防治。

根腐病多在雨季发生。生产中要注意选地势较高、排水良好的地方种植，忌连作，经常松土，增加透气度，并进行土壤石灰消毒，田间发现病株后及时拔除并烧毁。

叶斑病在发病初期，每 7～10 天喷 1 次 50%多菌灵可湿性粉剂 500～600 倍液或 70%甲基硫菌灵可湿性粉剂 800 倍液，共喷 3～4 次，控制危害。

田间有蚜虫危害时喷 20%啶虫脒可溶性粉剂 13000～16000 倍液、1.8%阿维菌素乳油 3000～4000 倍液或 48%毒死蜱 1500 倍液防治，每 7～10 天喷 1 次，连续 4～5 次。

甘蓝夜蛾以幼虫危害叶片，造成缺刻，金花虫以成虫及幼虫危害叶片，造成孔洞，影响光合作用的进行，当田间出现危害时，可用 48%毒死蜱乳油 1500 倍液、2.5%高效氯氟氰菊酯乳油 2500～3000 倍液、5%定虫隆（抑太保）乳油 1000～2000 倍液、20%杀铃脲悬浮剂 8000～10000 倍液或 4.5%高效氯氰菊酯乳油 2000 倍液喷雾防治，每隔 7～10 天喷施 1 次。

蛴螬又名白地蚕。以幼虫危害，咬断幼苗或幼根，造成断苗或根部空洞；白天常可在被害株根部或附近土下 10～20 厘米处找到害虫。可将麸皮炒香，拌 48%毒死蜱撒于田间诱杀。

（5）采收加工　一般定植后 2～3 年即可收获。栽培时间过久，根茎易被虫蛀发生腐烂。收获在秋末冬初大黄叶片枯萎时进行，用锄头挖出根块，勿使受伤，除尽泥土，用刀削去地上部分，根块头部的顶芽必须全部挖掉，以防干燥期间产生糠心（即内部松弛变黑）。将鲜大黄用刀削去侧根，洗净泥土，晾干水汽，用竹刀刮去粗皮，大的纵切两半，长者横切成段，用细绳从尾部串起，挂在阴凉通风处阴干。修下的大黄侧根，直径在 4 厘米以上者，可将粗皮刮去，切成 10～13 厘米的节，与大块大黄一起干燥，名"水根大黄"（图 2-114），也可供药用。

图 2-114　水根大黄

四十二、牛蒡栽培技术

【功能及主治】

牛蒡为菊科二年生草本植物，又叫大力子、牛子，以果实及根入药。果实具有散风、解毒、利咽、透疹等功效，主治风热感冒，咽喉肿痛，麻疹、疹出不透，腮腺炎等症。根具有清热解毒、疏风利咽等功效，主治风热感冒，咳嗽，咽喉肿痛，脚气，湿疹等症。

【形态特征】

茎秆高 1 米左右，茎上部多分枝，根出叶丛生，叶柄长而且厚，叶片三角状卵形，背面密生灰白色细绒毛，边缘稍带波状或呈齿牙状；头状花序簇生于茎顶，球形或壶形，外有钩刺，花全为管状，花冠紫色（图 2-115），瘦果灰褐色，具棱线，长倒卵形，顶端有一束冠毛。主根肉质、肥大，根皮粗糙，暗黑色（图 2-116）。花期 6～7 月，果期 8～10 月。

图 2-115　牛蒡植株

图 2-116　牛蒡鲜根

【生长习性】

牛蒡适应性强，但在比较温暖湿润的气候条件下生长较好。一般栽后第二年就能开花结果。牛蒡主根发达，对土壤要求不严，但在土层深厚、土质肥沃的沙质土上生长良好。

【栽培要点】

（1）**选地整地**　选择地势高，排灌方便，土层深厚，土质肥沃的沙壤地种植。种前对土壤要进行耕翻，以形成疏松的土壤条件，促进根系生长，以利于产量提高。结合整地每亩施腐熟农家肥 4000～5000 千克，将地整平，按行距 80～90 厘米的标准放线，沿线开深 2～3 厘米浅沟待播。

（2）**播种**　播前选择优质饱满种子，在阳光下晒种 1～2 天，再用 30℃温水浸种 24 小时后捞出，用干净纱布包好放在 20～25℃的环境中催芽，等有 80% 种子露白时即可播种。牛蒡可秋播，也可春播，可点播，也可条播，春播于 4 月上旬进行，秋播在 10 月上中旬进行，条播时将催好芽的种子均匀撒入沟内，覆土 4 厘米左右，稍压实后浇水，每亩需种 1.5～2 千克，点播时在垄中间按穴距 8～10 厘米的标准，挖深 2～3 厘米的穴，每穴点 2～3 粒种子，播后覆土 2 厘米，稍加镇压，拍平即可。播种后在苗床上覆草或盖地膜保温保墒。

（3）播后管理

A. 及时定苗　牛蒡播种后 8～10 天出苗，出苗后及时撤除盖草或遮阳物，在出苗后半月左右开始定苗，条播的按株距 10 厘米的标准留苗，点播的每穴留 1 株。

B. 除草　牛蒡幼苗生长缓慢，苗期杂草较多，应及时中耕除草，以保证幼苗健壮生长。

C. 追肥　在牛蒡根膨大期每亩施氮磷钾三元肥 25～30 千克，在收获前结合防病虫，叶面喷 0.3％磷酸二氢钾 2～3 次。

D. 冬季保护　在秋末给植株覆土 5～8 厘米，以利于植株安全越冬。

E. 病虫防治　牛蒡生产中易受黑斑病、白粉病、蚜虫、蛴螬、根结线虫等危害，影响产量，生产中要加强防治。高温季节易发生白粉病，当田间出现白粉病危害时，可喷 50％多菌灵可湿性粉剂 1000 倍液、12％腈菌唑可湿性粉剂 2000～2500 倍液、20％三唑酮乳油 3000～4000 倍液、40％氟硅唑 8000～10000 倍液或 4％农抗 120 生物杀菌剂 600 倍液防治。雨季苗期易发生黑斑病，当田间出现黑斑病危害时，可用噁霉灵 3000 倍液灌根防治，大田喷 50％福美双可湿性粉剂 500 倍液控制危害。蚜虫危害时可喷 50％抗蚜威 2000 倍液防治。

（4）采收加工　一般在栽后第二年 7～8 月份，果实成熟时采收。由于牛蒡总苞上有许多钩刺，采摘宜在早晨和阴天进行，这样不致伤手。牛蒡果序采回后，一般先把果序摊开曝晒，使它充分干燥，用木棒反复打击，脱出果实，簸去杂质，晒干即可。牛蒡根在收种后，马上挖出，刮去黑皮，晒干即成。

成品牛蒡以籽粒饱满、无泥沙、无杂质、无霉变为合格；以粒大，饱满，灰褐色为佳（图 2-117）。

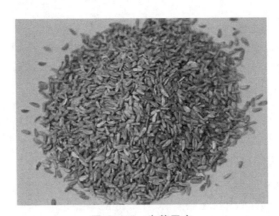

图 2-117　牛蒡果实

根以去净黑皮，身干，无杂质，无霉变者为合格（图 2-118）。

图 2-118　干牛蒡根

四十三、荆芥栽培技术

【功能及主治】

荆芥为唇形科一年生草本植物，以带花穗的全草入药，也有以花穗入药的称"荆芥穗"，具有祛风解表的功效，主治风寒或风热引起的感冒，炒炭后可止血，用于鼻出血、便血等。

【形态特征】

荆芥有强烈的香气。茎直立，四棱形，叶对生，基部叶有柄或近无柄，羽状深裂为 5 片，裂片线形，全缘。轮伞花序。花序密集于枝端，形成穗状（图 2-119）。花唇形，淡红色，花期 7～9 月，具四枚小坚果，果期 8～10 月。

【生长习性】

荆芥适应性强，喜温暖湿润气候，苗期喜潮湿，既怕干旱，又怕积水。对土壤要求不严，但在疏松肥沃的沙质壤土上生长良好，土壤黏重、低洼的地块不宜种植。忌连作。

【栽培要点】

（1）选地整地　选择土层深厚、土质肥沃的地块种植。种植前将土壤深翻30 厘米，结合深翻，每亩施充分腐熟的农家肥 3000 千克左右，整平耙细，作宽

图 2-119　荆芥植株

1.3 米的畦。

　　（2）繁殖方法　用种子繁殖，可直播，也可育苗移栽。可春播，也可秋播。春播在 3～4 月土壤解冻后进行，秋播在 9～10 月进行，将种子均匀地撒在整好的苗床上，随即覆盖一层细土，厚度以不见种子为宜，然后盖草保温保湿，以利于出苗。出苗后揭去盖草，苗高 5～7 厘米时间苗。在苗高 15 厘米时移栽。

　　育苗的可在 5～6 月份适时移栽，移栽前 1 天苗床浇水，移栽时按行距 20 厘米、株距 20 厘米的标准挖穴，每穴栽入大苗 2～3 株或小苗 3～4 株，栽后覆土将根压紧，并浇水。

　　（3）栽后管理

　　A. 中耕除草　苗高 10～15 厘米时，结合间苗、补苗进行除草。移栽大田的幼苗缓苗后结合补苗进行中耕除草；苗高 30 厘米时，再中耕除草 1 次。封行后不再中耕。

　　B. 追肥　每次中耕除草后均追肥一次，移栽缓苗后，结合中耕除草，每亩追施磷酸二铵 15 千克左右，在苗高 30 厘米左右时，每亩再追施磷酸二铵 20 千克左右，以保证植株健壮生长，提高产量。

　　C. 水分管理　苗期需水量大，遇干旱时应及时浇水，成株后，荆芥怕涝，雨季要注意排除田间积水。

　　D. 病虫防治　荆芥生产中易受立枯病、茎枯病、黑斑病、根腐病等危害，要注意防治。

　　立枯病多在 5～6 月发生，发病初期茎基变成褐色，后收缩，腐烂倒苗。应在发病初期用 50％多菌灵可湿性粉剂 600 倍液喷雾防治。茎枯病危害茎、叶、花穗，叶片感病后，呈开水烫伤状，叶柄出现水渍状病斑；茎部染病后，出现水浸状褐色病斑，后扩展成绕茎枯斑，造成上部茎叶萎蔫；花穗染病后呈黄色，不能开花。在发病初期可用 70％甲基硫菌灵可湿性粉剂 800 倍液或 50％多菌灵可湿性粉剂 600 倍液喷洒。黑斑病危害茎叶，叶片发病后，初期出现不规则的褐色小斑点，而后扩大，叶片变黑枯死；茎部发病后呈褐色变细，后下垂折倒，在发病初期可用 65％代森锌可湿性粉剂 500 倍液或 50％多菌灵可湿性粉剂 600 倍液喷洒。根腐病在高温多雨季节易发生，染病后地上部分萎蔫，地下部分变黑腐烂，防治时要防止雨季田间积水，在发病初期可用 70％敌磺钠（敌克松）灌根。

（4）采收加工　一般在夏季孕穗而未抽穗时，割取茎叶，留茬 6 厘米左右，秋季花穗一半果一半花时，将花穗全部割下，割下的花穗晾干后称荆芥穗。若割取全株称全荆芥，去掉花穗后称荆芥梗。收获时应在晴天露水干后进行，晾干即可，不宜烘烤或日晒。

成品以身干、茎匀、色紫、穗多而密、香气浓郁、无霉烂、无虫蛀者为佳（图 2-120）。

图 2-120　成品荆芥

四十四、茴香栽培技术

【功能及主治】

茴香为伞形科植物，多药用其果实，称为小茴香。具有理气止痛，调中和胃的作用，主治小腹冷痛、胃痛、呕吐等症。

【形态特征】

茴香为多年生草本，高1米左右，茎直立，上部分枝（图2-121），复伞形花序顶生或侧生，花两性，花期为7~8月，双悬果卵状长圆形，果期为8~9月。全株各器官具有芳香气味。

图 2-121　茴香植株

【生长习性】

茴香适应性强，喜稍凉爽的气候，对土壤要求不严，但以疏松、湿润、含腐殖质较多的沙质壤土为佳。低洼不通风地块种植易徒长，结果较少。

【栽培要点】

(1) 选地整地　种植茴香宜选择凉爽、排灌方便、平坦、向阳的地块，播种前施足底肥，每亩施充分腐熟农家肥2000千克左右，然后深翻，翻后将地整平，作畦。要避免在低洼、黏重地上种植。

(2) 繁殖方法　茴香用种子繁殖。于清明后在整好的地上，按行距30~60厘米开浅沟，将种子均匀地撒在沟内，覆土稍压实，半月左右即可出苗。一般每亩需种量0.7千克左右。

(3) 田间管理

A. 锄草施肥　在苗高15~18厘米时结合锄草按株距30厘米进行间苗，缺苗处可从苗稠处进行移栽补植。夏季在雨后乘墒施肥，以促进植株生长，施肥可以磷酸二铵为主，每亩施用15千克左右。

B. 病虫害防治　危害茴香的病虫主要有灰斑病、蚜虫、伞锥额野螟（黄翅茴香螟）等，要加强防治，以减轻危害。

灰斑病：一般在八月中下旬发生，初期茎叶上生圆形的灰色斑，后期变黑。

防治时注意早播种，促进早出苗，使其在雨季前开花结果。在高温多雨季节喷65%代森锰锌600倍液进行防治，每隔7～10天进行一次。

蚜虫：每年7～8月份发生严重，发生时可用10%吡虫啉3000倍液喷洒防治。

黄翅茴香螟：开花时发生，在大量发生时可用50%杀螟硫磷（杀螟松）1000倍液喷洒防治。

（4）采收加工　秋季果实近成熟时，随时将果枝剪下，晒干脱粒，扬去杂质即可。成品以饱满、粒大、无杂质者为佳（图2-122）。

图2-122　茴香果实

四十五、山杏栽培技术

【功能及主治】

山杏为蔷薇科多年生乔木或小灌木，以种仁入药，具有止咳平喘、祛痰润肠的功效，有小毒。主治气管炎、咳嗽气喘等症。

【形态特征】

树势强健，树姿开张，树高3～5米，叶互生，卵圆形，边缘具齿，花单生，花瓣5，淡粉白色，果实球形（图2-123），果肉薄，核腹棱明显尖，种子扁心形，味苦。

图 2-123　山杏树结果状

【生长习性】

杏树适应性广，抗逆性强，不论平原、高山或沙荒地都能生长结实，进入结果期早，寿命长，一般栽后3～4年开始结果，5～6年进入盛果期。

【栽培要点】

(1) 合理选择园址，为优质高效生产打好基础　山杏对立地条件及土壤要求不严，山、川、塬均可栽植，但由于开花较早，花期极易受晚霜危害，特别是近年来，晚霜危害频繁，常造成大范围的减产或绝收，因而在园址选择时，要避免在山脊、风口、低洼等冷空气易聚集的地方建园，应在背风向阳的山地或地势高燥的川地、地势开阔的塬地建园，以避免晚霜危害。一般沙性土壤通透性良好，昼夜温差大，有利于树体生长，生长在其上的树体所结果实含糖量高，所产杏果品质佳，应作为首选土壤。黏性土地上栽植时，在栽前应对土壤进行掺沙、施用草木灰等进行改良。

(2) 栽植壮苗，提高栽植质量，以利于成活，促使园貌整齐　山杏树可春栽，也可秋栽，近年来春旱现象发生普遍，应以秋栽为主。无论是秋栽还是春栽，在栽植时，要求栽植苗为高在1米以上，地径在0.8厘米以上，根系发达，有5～6条侧根的壮苗；苗木应随挖随栽，尽量减少根系在空气中暴露的时间，减少毛细根死亡的数量；栽植穴应适当深挖，一般挖60厘米见方，深60厘米的栽植坑，以打破犁底层为宜；挖时表土、心土分置，回填时每穴先在坑底填入10千克左右土杂肥、0.5千克左右的过磷酸钙、0.1千克尿素，填入表土，土肥混匀，再用行间表土将穴填至离地面20厘米，进行微区土壤改良，以优化根系生长环境；栽植时将苗放入穴内，用表土将坑填平，然后轻提苗木，以利于根系伸展，踏实，然后每株浇水一桶，待水渗下后，用干土覆盖；栽后立即在地表以上 80 厘米处定干；秋季栽植的应将苗木埋土越冬，春栽的应立即覆盖地膜，套保苗袋进行保湿，以提高成活率。

（3）加强新栽幼苗管理，缩短缓苗期，促进幼苗健壮生长，扩大树冠，为早结果打好基础　山杏栽植后，都有缓苗期，缓苗期的长短，取决于管理，一般管理得好，则缓苗期短，树体生长健壮，树冠扩大得快，有利于早结果。因而在栽植后，要加强管理，秋季栽植的，在春季气温稳定在 5℃ 以上时，苗木及时出土。春栽的在有 1/3 芽萌发时，将保苗袋顶部剪破，进行通风炼苗；至新梢长 2 厘米时，除袋放苗；放苗后抹除离地面 40 厘米内的芽，以集中营养，供所留芽健壮生长。有蚜虫、螨类或其他害虫危害时，要及时对症喷药防治，蚜虫喷 50％抗蚜威 2000 倍液、螨类喷 50％炔螨特（克螨特）1500 倍液、其他害虫喷 2.5％溴氰菊酯（敌杀死）4000 倍液防治，保护叶片；结合喷药喷 0.2％的尿素加 0.5％的磷酸二氢钾，促进枝叶生长；在降水少、土壤墒情差时要注意及时浇水，保持土壤墒情良好，促进树体生长。

（4）保证肥水供给，满足树体丰产优质所需营养　肥水是山杏优质高效生产的物质基础，在生产中应注意足量供给。幼树期每年应在春季发芽前、6～7 月新梢生长期、9 月下旬各施肥一次，以满足树体快速生长对营养的需求。幼树期前两次追肥应以速效性的氮肥为主，9 月施肥应以有机肥为主，配施过磷酸钙和氮肥。氮肥按照每树龄施用尿素 0.1 千克的标准施用，有机肥按照每树龄 10 千克的标准施用，过磷酸钙按照每树龄 0.5 千克的标准施用。进入结果期的树要按结果多少施肥，施肥的重点时期为春季发芽前、花后果实膨大期、6 月采果后、9 月下旬，以提高坐果率、促进果实生长、提高果实品质、补充树体因结果所消耗的营养，为安全越冬打好基础。施肥量按产量高低而定，一般要求达到每生产 100 千克杏果，施用优质有机肥 150～200 千克，尿素 2 千克左右，过磷酸钙 4～5 千克，氮肥主要在前期施入，有机肥和磷肥主要在后期施入。

在水分管理上，以保墒和均衡周年水分供给为重点。生产中应抓好中耕，落实树盘或行间覆盖，减少土壤水分的蒸发损失。

（5）采取综合措施，提高坐果率，以提高产量　影响山杏坐果的因素是多方面的，生产中最主要的因素有：霜冻导致花器受损，坐果少；花期低温、昆虫活动少，出现授粉不良现象，坐果率不高；营养不足，不能满足树体生长所需，导致花果脱落；生长较旺的树枝梢快速生长，营养生长占据优势，相对用于坐果的营养减少，不利于坐果等。生产中应采取综合措施，以提高坐果率，其中应用的主要措施如下。

A. 幼旺树在花期喷施 100 毫克/千克的多效唑，以抑制枝梢的生长，促使树体内养分分配向坐果倾斜，以利于坐果。

B. 应采取多种方法减轻霜冻危害。在临近花期密切关注天气预报，在有霜冻时要做好以下工作：

a. 在未显蕾时，要连续喷水或喷 7%～10% 的石灰液推迟开花。

b. 花期不提倡疏花，有条件的农户要进行果园灌水，以稳定土温，增强树体抗冻能力。

c. 花期出现持续低温天气时，对果树全面喷 0.5% 蔗糖＋0.3% 磷酸二氢钾混合溶液或防冻剂（按说明书使用），可明显提高果树抗冻能力。

d. 根据天气预报，在霜冻出现的当日凌晨，在果园树枝上挂一支温度计，当夜间气温低于 0℃ 时，可用秸秆、杂草与潮湿的落叶、锯末、草根等分层堆集，外面盖土，中心插入木棒，点火放烟，能减轻霜冻危害。也可自制防霜烟剂，方法是，硝酸铵 20%、锯末 60%、废柴油 10%、煤末 10%，混合装入铁桶内，临时点燃。

e. 灾后要及时追施肥料，增强树体营养，并喷施 3% 硼肥＋3% 磷酸二氢钾＋0.3% 尿素＋0.5% 糖水溶液，间隔 7～10 天后再喷施一次。

C. 对秋施基肥不足的树，早春一定要追好肥，此次追肥应以速效性氮肥为主，施肥量据树大小灵活掌握。

D. 加强花期授粉。花期可用长鸡毛掸子在树上滚动，进行人工辅助授粉，以利于提高坐果率。

（6）合理调节结果量，增施磷钾肥，提高果实品质

A. 保持壮枝结果　结果枝的生长状况，直接影响果实的大小和产量的高低，一般幼树期以长果枝结果为主，所结果实个体大，均一性好。进入盛果期后，开始以中短果枝结果为主，开始出现果实大小参差不齐的现象，短果枝结果多时，营养不足，则果实很难长大。因而在生产中要注意调节各类枝的组成，通过修剪，保持结果枝、成花枝、预备枝三者各占 1/3 左右，对老化枝组应及时进行更新，保持结果枝旺盛的生命力，以利于生产优质果。

B. 增施磷钾肥　磷钾在植物体内，对于糖的形成起重要作用，生产中应注意及时补充。最好是采用测土施肥的方法，以确定施肥量的多少，磷钾肥大多为迟效性肥料，最好在秋季以基肥放入，生长季补充时，应以磷酸二氢钾等速效性肥料为主。

（7）病虫防治　山杏树生产中病虫危害较严重，对生产效益影响较大的病虫有食心虫类、蚜虫、螨类、介壳虫、杏仁蜂、杏象甲（杏象鼻虫）、杏疔病、流胶病等，生产中要采取综合措施，以提高防治效果，减轻危害。防治的主要措施如下。

A. 在萌芽前细致喷 5 波美度石硫合剂，杀灭病菌与虫卵，减少病虫越冬基数，为全年防治打好基础。

B. 加强食心虫类的监测，及时用药，控制危害。在 4～5 月多雨时，要及时捡拾虫果，并集中深埋；在幼虫孵化初期喷 20% 甲氰菊酯（灭扫利）乳油 4000

倍液或 10％氟氯氰菊酯（百树得）乳油 4000 倍液、50％辛硫磷乳剂 1000 倍液防治。由于危害杏果的食心虫有桃小食心虫、梨小食心虫、李小食心虫等，它们发生的时间、危害是不相同的，在防治时应注意区别对待。

C. 蚜虫、螨类防治时要注意药物选择，以提高防治效果。蚜虫可用啶虫脒（蚜虱一遍净）、吡虫啉等防治，螨类可用三唑锡、克螨特等进行防治。

D. 其他害虫可用 2.5％溴氰菊酯 4000 倍液等广谱性杀虫剂杀灭。

E. 病害在发病初期应交替用代森锌、多菌灵、甲基硫菌灵（甲基托布津）防治。

（8）采收加工　在夏季果实由绿变黄时采摘，采摘后及时去果肉，碾碎种壳，取仁，晒干。药用时用沸水稍煮或小火炒黄。

成品以饱满、完整、味苦、色黄棕、无破碎、无杂质者为佳（图 2-124）。

图 2-124　成品山杏仁

四十六、山桃栽培技术

【功能及主治】

山桃为蔷薇科多年生乔木，又叫山毛桃，以种仁入药，具有破血行瘀、润燥滑肠的功效。主治闭经，跌打损伤，大便燥结，血瘀疼痛等症。

【形态特征】

树高 1.5～3 米，树皮红褐色，光滑，有光泽，皮孔明显；叶互生，卵状披针形，长 6～10 厘米，边缘有细锯齿，无毛；花单生，萼筒钟状，萼片 5，花瓣 5，淡粉色或白色，核果球形（图 2-125），果皮薄，表面有毛；核球形，具弯曲凹沟。

图 2-125　山桃树结果状

【生长习性】

山桃适应性强，耐旱，进入结果期早，一般栽后三年开始结果，五年进入大量结果期，对土壤要求不严，春季开花早，易受晚霜危害。在陇东 4 月上旬萌芽，4 月 20 日左右开花，花期 7 天左右，从萌芽到新梢顶芽形成时间较长，一般没有明显的新梢停长期，到 11 月上旬落叶为止，新梢生长量较大，果实在 7～9 月上旬成熟。

【栽培要点】

(1) 适地建园，为丰产优质打好基础　山桃在土质疏松，通气性好，土层深厚的沙质壤土上生长良好，结果能力强。在黏土上生长则易出现早衰，不利于生长和结果。因而最好在沙质壤土上发展。

霜冻是山桃生产的最主要灾害之一，在建园时，一定要注意选择背风向阳的开阔地带，要避免在沟口、低洼、山梁等冷空气易积聚的地方建园，防止霜冻造成减产。

春旱伏旱往往造成桃树减产或生长不良，因而桃园应尽量选择有浇水条件的地块，以保证适时适量的水分供给，以利于高产优质。

(2) 合理密植，促使园貌整齐　山桃是喜光果树，光照不足会使枝条生长细弱或徒长早衰，花芽少，不充实，果实着色不良，不利于丰产优质，因而在建园时应注意适当稀植，一般以 3 米×4 米的株行距，亩栽植 56 株为宜。

(3) 强化地下管理，增强土壤通透性，壮根养树，提高结实能力，以利于丰产　山桃根系生长具有明显的好气性，土壤通透性差的情况下，常影响根系的生长，降低吸收能力，导致植株早衰，不利于高产优质，因而在生产中应加强地下管理，以创造良好的根际生长环境，促进根系健壮生长，增强根系的吸收能力。为此应重点做到：

A. 深翻改土　对于黏重通透性差的桃园土壤应加强深翻，以熟化土壤，增加土壤有机质和孔隙度，促进气体交换和土壤微生物的活动。深翻应逐年进行，在建园后 3～5 年内将全园深翻一次，深翻 60 厘米左右。

B. 中耕除草　在生长季应注意及时进行中耕，增强土壤的通透性。通过中耕切断毛细孔，减少土壤水分的蒸发损失，提高天然降水的利用率。及时铲除园内杂草，减少杂草对土壤养分和水分的消耗。

（4）增施肥水，保障物质供给，促使产量的提高　肥水是山桃丰产优质的物质基础，缺肥少水，则产量低。根据陇东生产经验，在山桃生产中保证四肥两水的供给，即可满足山桃生产之需。施肥时应坚持基肥为主，追肥为辅，适时适量，配方施用的原则。应重点保证基肥、花前追肥、幼果生长期追肥及采果后补肥，其中基肥在土壤封冻前施入，施肥以有机肥及磷钾为主，施肥量应占到全年施肥量的 80% 左右，可将肥料均匀撒施地表，深翻 30 厘米左右。撒施可增加肥料的吸收点，提高肥料的当季利用率。

在施好基肥的基础上，要及时在花前及幼果生长期、采果后进行补肥，以促进开花坐果、幼果膨大，补充树体因结果所消耗的营养。追肥时应以速效性氮肥为主，配合适量的磷钾肥，施肥量按树大小、结果多少而定。

水分的供给要根据天气和土壤墒情灵活掌握，春夏季桃树生长旺盛，需水量多，要及时进行补水，以保证生长结果的顺利进行。

（5）顺应生长结果习性，改树形，改结果枝类别，促使产量提高　山桃为喜光树种，传统的树形以开心形为主，采用重短截的方法，强制采用短枝结果。生产实践证明，这种方法很不利于高产优质，近年来，在山桃生产中试验推广纺锤形树形，改短枝结果为长枝结果，极大地挖掘了山桃的生产潜力，产量有较大幅度的提升。应用上述技术的关键在于枝量的控制，由于山桃树枝梢生长量大，而且一年能多次发枝，如控制不当，往往在生长期枝叶丛生，通透性变差，因而生长季修剪就显得特别重要。一般每年应进行三次以上的夏剪，第一次在花后，要及时抹除无用芽、剪锯口萌发的芽、竞争芽等；第二次在 6 月份，以拉枝、摘心为主；第三次在采果前后，以疏枝、回缩为主，通过夏剪，创造良好的通透性，提高成花结实能力。

（6）加强霜冻防治　山桃开花期一般在终霜前，花及幼果易受晚霜危害，往往造成大幅度减产，甚至绝收，给生产造成很大的损失，生产中应注意预防。霜冻的预防应从建园时开始，一般小盆地、谷地沟口，山坡地的下部或底部易受霜冻，应避免在这类地方建园。另外，推迟花期，也可降低霜冻的程度，一般在 10 月中旬前后喷 0.005% 的赤霉素，花期喷 0.05%～0.2% 的抑芽丹（青鲜素），用 7%～9%的石灰水喷树冠，春季灌水，均可延迟开花，有一定的防冻效果。在花期应注意当地的天气预报，在有霜冻的当天于凌晨 1 到 4 点点火熏烟，也可有效地减轻冻害。

（7）强化病虫防治，减少山桃损失　山桃在栽培时早期落叶病、缩叶病、疮痂病、介壳虫、食心虫、蚜虫、卷叶蛾等发生较普遍，常影响树体生长及果实品质，生产中应注意加强防治，防治时应尽量减少用药，多选用残留量少、毒性低的药剂，配合套袋、悬挂糖醋液、悬挂粘虫板、性诱剂诱杀等措施，以减少农药污染，走无公害生产的道路，提高山桃的品质。

（8）采收加工　夏秋二季，当果实由绿变黄时采收，采摘后及时去果皮，稍晒干，碾碎种壳，取仁。药用时须沸水略煮，去种皮。

成品以颗粒大，饱满，整齐不碎，种皮棕红色，富油性，无碎壳者为佳（图2-126）。

图 2-126　成品山桃仁

四十七、皱皮木瓜栽培技术

【功能及主治】

皱皮木瓜为蔷薇科落叶灌木，又叫贴梗木瓜、贴梗海棠、宣木瓜，以果实入药。具有舒筋活络、化湿和胃的功效，主治腰腿酸痛、风湿痹痛、吐泻腹痛转筋等症。皱皮木瓜泡酒可活血舒筋。

【形态特征】

树高 2～4 米，树皮灰色光滑，枝有刺，叶片卵圆形，叶鞘带红色，微具柔毛，托叶大，花大红色，先叶或与之同时开放，2～5 朵簇生，花梗极短，花柱 5 枚，果实梨形至卵形，两端凹入，浅黄绿色（图 2-127），种子扁平长三角形，褐色，花期 3～5 月份，果期 8～10 月份。

图 2-127　皱皮木瓜树结果状

【生长习性】

皱皮木瓜对环境条件要求不严，喜温暖湿润的气候，耐寒耐旱，对土壤适应性强，幼苗抗冻能力弱，需埋土越冬。

【栽培要点】

(1) 选地整地　生产中注意选择肥沃沙壤土地块种植，避免在低洼积水及盐碱地上种植。栽前一般不进行土壤耕翻，可直接挖穴种植。

(2) 繁殖方法　皱皮木瓜繁殖方法较多，可分株繁殖，也可根插繁殖、压条繁殖、扦插繁殖，还可种子繁殖。

A. 分株繁殖　皱皮木瓜萌蘖力强，可在晚秋落叶后进行分株繁殖，在成年母树的基部选择生长健壮、高 40～60 厘米的分蘖苗连同须根从母树上挖下，立即定植。

B. 根插繁殖　皱皮木瓜根蘖性强，晚秋落叶后在植株一侧开沟寻取直径 0.3～0.6 厘米、长约 10 厘米的强壮根直接定植，或插入苗床，方便易行。

C. 压条繁殖　春季将贴近地面的枝条压入土中（压入前将入土部分稍割伤）堆土，压实，秋季就可生根定植。

D. 扦插繁殖　秋季剪取 1 年生枝条，剪成 15～20 厘米长插条，下端剪斜，捆把，挖坑沙藏。春季土壤解冻后，作苗床，将插条按行距 20 厘米、株距 15 厘米的标准插入，并要求搭棚遮阴。秋季落叶后即可定植。

E. 种子繁殖　秋季采集种子，与湿沙混合贮藏，在春季种子有露白时，在苗床中按行距 20 厘米、株距 10 厘米的标准点播，每穴点 2～3 籽，亩用种 2 千克左右。

（3）移栽　春季临发芽前，按行距 3 米、株距 2 米的标准，开挖直径 30～40 厘米、深 25～30 厘米的栽植坑，每坑放 1 株，用土填埋，定植深度以定植浇水后根颈与地面相平为宜，有浇水条件的浇水，无浇水条件的在树盘覆 1 平方米的地膜保墒。

（4）肥水管理　基肥在 9 月下旬深翻果园时施入，以农家肥为主，每亩据树大小施用 2000～4000 千克。追肥重点在萌芽前和 5 月坐果后施入，萌芽前土壤解冻后，据树大小每亩施用尿素 15～20 千克，三元复合肥 30～40 千克，坐果后每亩施用尿素 20～30 千克。

有浇水条件的在花芽萌动前后浇一次水，入冬前结合深翻浇一次水；没有浇水条件的应抓好覆盖保墒工作，减少土壤水分的蒸发损失，提高天然降水的利用率，以提高产量。覆盖应以黑色地膜为主，既保墒又捂草。

（5）中耕除草　皱皮木瓜定植后，要经常铲除园内杂草，结合除草，进行土壤中耕，保持土壤疏松。

（6）整形修剪　皱皮木瓜生产中以自然圆头形树形为主，栽后在离地面70～80 厘米处定干，对其长出的新梢选留 3～4 个作主枝，主枝要保持临近，在主干上按 10～20 厘米间距分布，主枝上再培养 2～3 个侧枝，侧枝上着生结果母枝和结果枝组。

A. 夏季修剪　主要措施包括抹芽、摘心、拉枝等。

a. 抹芽　及时抹除整形带以下的芽，以及主枝上的背上芽、延长头上的竞争芽、剪锯口周围萌生的多余芽。

b. 摘心　主枝延长头长到 50～60 厘米时摘心，促发二次枝，培养侧枝，其他部位长势强、直立枝、交叉枝在新梢长 20 厘米时摘心，促发二次枝。

c. 拉枝　在 8 月底、9 月初对临时性枝实行拉枝处理，促进成花结果，一般拉平即可。

B. 冬季修剪　幼树以整形为主，第一年对留作主枝的枝条进行短截，留30～40 厘米为宜，临时性枝不动，长放处理，以增加光合面积，以后对于树体中有空间的枝条可留 20～30 厘米进行短截，促进分枝，占领空间，对过密枝、竞争枝、交叉枝进行疏除，保持园内和树体通风透光良好。

（7）花果管理 在建园时按 1∶4 的比例配置授粉品种，在进入结果期后要加强疏花疏果管理，防止大小年结果现象的出现。

（8）病虫防治 皱皮木瓜生产中易受叶枯病、蚜虫、食心虫、天牛、红蜘蛛危害，影响产量质量，生产中要加强防治。叶枯病在 7～9 月间发生，受害的叶片出现褐斑，严重时导致叶片枯萎。当田间发现病株后，可喷 10％多抗霉素（宝丽安）1500 倍液或 43％的戊唑醇 3000 倍液、70％代森锰锌可湿性粉 500 倍或 800～1000 倍液的 80％代森锰锌（大生 M-45）防治。蚜虫危害时可喷 10％吡虫啉可湿性粉剂 1000 倍液或 90％灭多威（万灵）1000 倍液、48％毒死蜱（乐斯本）乳油 1000 倍液或 50％抗蚜威乳油 1500 倍液防治。食心虫在幼虫发生期喷 25％除幼脲悬浮剂 2500 倍液、25％除虫脲（敌灭灵）可湿性粉剂 1000 倍液、青虫菌 6 号悬浮剂 600 倍液、Bt 乳剂 600～1000 倍液防治。天牛以幼虫危害树干，发生时可用细铁丝将虫钩出，或用 48％毒死蜱原液滴在棉球上，将虫洞塞封，熏杀幼虫。红蜘蛛危害时可喷 1.8％阿维菌素乳油 4000～5000 倍液、73％炔螨特乳油 2000～4000 倍液或 25％哒螨灵（扫螨净）600～800 倍液防治。

（9）采收加工 皱皮木瓜定植后 3～5 年可开花挂果，8 月以后木瓜外皮呈青黄色时，选晴天采收，太青或过熟都不符合药用标准。采摘时要防止果实坠落受伤。采摘后趁鲜将果实纵剖成两半，先果心朝上晒 3～4 天，再翻过晒至全干。也可将果实用沸水煮 10 分钟，捞出后晒 1～2 天，再用竹刀或铜刀剖成两半，晒至全干。

成品以外皮起皱，紫红色，质地坚实，味酸，无虫蛀，无霉变为合格（图 2-128），未熟果、落地果及脱落种子不宜作药。

图 2-128 成品干木瓜

四十八、连翘栽培技术

【功能及主治】

连翘属木犀科植物（图 2-129），以果实入药，具有清热解毒、消肿散结、利尿清心等功能，是双黄连口服液、清热解毒口服液等中药制剂的主要原料。

图 2-129　连翘植株

【形态特征】

果实呈长卵形或卵形，两端狭尖，多分裂为两瓣。表面有一条明显的纵沟和不规则的纵皱纹及凸起小斑点，间有残留果柄，表面棕黄色，内面浅黄棕色，平滑，内有纵隔，质坚脆。成熟种子多脱落，气味微香。

【生长习性】

连翘喜温暖、潮湿气候，适应性强，耐寒、耐瘠薄，喜阳光充足，对土壤要求不严，在腐殖土及沙质砾土中都能生长。

【栽培要点】

（1）母株选择　要选择优势母株。选择生长健壮、枝条节间短而粗壮、花果着生密而饱满，无病虫害、品种纯正的优势单株作母株。

（2）选地整地 选择背风向阳、土壤肥沃、质地疏松、排水良好的沙壤土地块。秋季耕翻，深耕细耙，作成宽 1 米的平畦，畦长视圃地情况而定。为提高土壤肥力，可结合整地每亩施农家肥 3000～4000 千克，并配施少量复合肥。

（3）繁殖技术 连翘既可采用播种繁殖，也可采用压条繁殖，各地可根据实际情况选用繁殖方法。

A. 播种繁殖 选择饱满的新种，土壤封冻前直接用干籽播种，每亩用种 2 千克左右。苗高 10 厘米时，按株距 8～10 厘米定苗。于秋季封冻前或第 2 年清明节前后移栽。在整好的地内按行距 1～1.3 米、株距 1～1.2 米的标准，每穴内栽植 1～2 株，填土至半坑时，将树苗向上提一提，使根伸展，然后覆土填平，再浇水，待水渗下后，再覆一层细土，以利于保墒。

B. 压条繁殖 用连翘母株下垂的枝条，在春季将其弯曲并刻伤后压入土中，地上部用木叉固定，覆盖细土，踏实，使其在刻伤处生根而成为新株。当年春季或次年春季，将幼苗与母株割断连根，挖起移栽。

（4）栽后管理

A. 浇水 连翘耐旱而喜欢湿润环境，幼苗期和移栽后的缓苗期，若遇干旱，应适当浇水，以提高植株的成活率。花期适当浇水，可提高坐果率。

B. 施肥 连翘喜肥，肥足时枝叶繁茂且花大色艳。除栽植时要施足底肥外，还应当在当年秋季结合浇防冻水施用一次优质腐熟农家肥。第 2 年，花后施用一次氮肥，7～8 月花芽分化期施用一次磷钾复合肥，秋季再施一次优质农家肥。以后每年照此法施用。施肥量应按树大小确定。

C. 中耕除草 连翘需适时松土保墒，夏季应及时除掉根系周围杂草，防止杂草与连翘争肥争水，特别在苗期和育苗期，要严格防止草荒出现，影响幼苗生长。

D. 病虫害防治 连翘常见病害为叶斑病。病菌首先侵染叶缘，5 月中下旬开始发病，7～8 月为发病高峰期，高温高湿天气及栽植密度过大、留枝过多的情况下有利于病害传播。发病后期整个叶片枯萎而死亡。可喷 75％百菌清可湿性粉剂 600～800 倍液防治，隔 10 天再喷一次，连喷 3～4 次，可有效地控制危害。

害虫主要有蜗牛，主要危害花果，在蜗牛出现后，可于清晨在植株周围撒石灰粉防治。

E. 整形修剪 冬季落叶后，在主干离地 75 厘米处剪去顶梢，再于夏季摘心，促发分枝。选择 3～4 个生长健壮的侧枝培育成主枝，以后在各主枝上选择 2～3 个壮枝培育成侧枝，侧枝上着生结果枝。通过几年整形修剪，使其形成内空外圆、通风透光的自然开心形。

（5）采收加工 因采收的时间和加工方法不同，有青翘和黄翘之分。

A. 青翘　9月上旬采摘没有完全成熟的青色果实（图2-130），沸水煮20秒，取出晾干，不易开裂，为青翘（图2-131）。

图 2-130　连翘青色果实

图 2-131　成品青翘

B. 黄翘　10月果实成熟后，果皮变为黄褐色、果实裂开时摘下，取净枝叶，除去种子晾干，为黄翘（图2-132）。

四十九、杜仲栽培技术

【功能及主治】

杜仲具有补益肝肾、强筋壮骨、固经安胎的功效。临床上主要用于治疗肾阳

图 2-132　黄翘

虚引起的腰腿痛或酸软无力，肝肾亏虚引起的胞胎不固等症。

【形态特征】

杜仲为杜仲科多年生落叶乔木，高达 20 米。小枝光滑，黄褐色或较淡，具片状髓。皮、枝及叶均含胶质。单叶互生，椭圆形或卵形，长 7～15 厘米，宽3.5～6.5 厘米，先端渐尖，基部广楔形，边缘有锯齿，幼叶上面疏被柔毛，下面毛较密，老叶上面光滑，下面叶脉处疏被毛；叶柄长 1～2 厘米（图 2-133）。花单性，雌雄异株，与叶同时开放或先叶开放，生于一年生枝基部苞片的腋内，有花柄，无花被；雄花有雄蕊 6～10 枚；雌花有一裸露而延长的子房，子房 1室，顶端有 2 叉状花柱。翅果卵状长椭圆形而扁，先端下凹，内有种子 1 粒。花期 4～5 月，果期 9 月。

【生长习性】

成年的杜仲树适应性强，耐寒冷，喜阳光充足及雨水多的湿润条件，对土壤要求不严，在土层深厚肥沃、含有腐殖质的沙壤地上生长良好。

【栽培要点】

（1）苗木繁殖　杜仲主要采用播种方式育苗，也可采用扦插育苗。

A. 播种育苗　播种育苗时可秋播也可春播，秋播在每年 10 月，果实呈米黄色时，于无风晴天用竹竿敲树枝使果实脱落，然后拾集种子，选择果粒饱满、种荚淡褐色、富有光泽的新鲜种子在土壤封冻前播种，或用温水浸泡 2～3 天捞出晾干后播种。春播的，应将采集下的种子置通风处阴干，干藏，在早春土壤解冻后选择土壤疏松、肥沃、湿润，排水良好的地方播种，在播种前用湿沙贮种或用

图 2-133 杜仲植株

40～50℃温水浸种 2～3 天，待种子膨大时播种。育苗的苗床应选择地势向阳、土壤疏松湿润、富含腐殖质的地块。对所选的土地在播种之前进行深耕，整细耙平，作宽 1.2～1.3 米的畦，畦间距保持在 18～20 厘米，按照行距 25 厘米、播幅 7～10 厘米的标准，在畦上开深 7～10 厘米的沟播种，每亩播种约 7 千克，覆土厚 6.5 厘米，播种后压沙保墒。播种后 1 个月出苗，待苗高 6～7 厘米时除草，选阴天按株距 8 厘米的标准间苗，当苗木长到 10 厘米以上时进行定苗，每米播种沟留苗 25 株，每亩保苗 3 万株左右。

B. 扦插育苗　扦插育苗春、夏、秋季均可进行。

a. 春季扦插　在前一年秋季整好苗床，次春杜仲萌芽前，将一年生的新枝条剪成 15 厘米左右的插枝，每个插枝上应有 1 个芽，上端剪平，下端剪成马耳形，随剪随插，插条入土深度为全长的 1/2，行距 10 厘米，插后保持土壤湿润，来年春即可移栽。

b. 夏季扦插　选择地势平坦，避风、水源充足和管理方便的地方作苗床，苗床最好东西走向，宽 1 米左右，长按地而定，床间距 50 厘米左右，插前对土壤进行深翻，结合深翻，每亩施入充分腐熟农家肥 2000 千克左右。在生长健壮、无病虫害的 4～20 年生母树上采集当年生半木质化嫩枝作插条，将采集到的插条中段剪成长 5～8 厘米的枝段，下端于叶柄下 2 毫米左右剪斜，每段保留 1/3～2/3 的叶片，上端剪平，然后将插条下部插入装有 100 毫克/千克 ABT 1 号生根粉液的水桶中，浸泡长度 2 厘米左右，浸泡时间 1.5 小时左右，防止插条失水。将浸泡好的插条按株距 5 厘米、行距 6 厘米的标准斜插入土壤中，插时插入插条长的 1/2～2/3。用手指略按压土壤，以利于根土密接，插入结束后，要适量浇水，并及时覆膜，在苗床上搭建遮阳棚，覆盖遮阳网遮阴。插后经常保持土壤湿润，在晴天要注意给苗床喷水，以保持空气相对湿润，控制苗床温度在22℃左右，一般在扦插1～2个月后，插条的地下部分长出不定根，开始从土壤中吸收水分和矿物质，在阴雨天，因空气湿度较大，又无强光，无需喷水，在晴天要视苗生长情况进行喷水。6月上中旬将已生根的插条移至苗圃。前三天局部遮阳，早晚各浇水一次，以后进行松土、除草。一般管理得好，三个月内幼苗可长到1米以上。

c. 秋季扦插　苗床处理同夏季，在5～7月对采穗母树进行修剪，让其再萌发新枝，待新枝达到半木质化的程度时采集插条，将采回的插条剪留中部5～8厘米，留叶1/2～2/3，下端剪斜，上端剪平，用100毫克/千克ABT 1号生根粉浸泡基部7～10分钟，然后进行扦插，插深为插条长的1/2～2/3，略倾斜插入土壤后稍按压。适量浇水，经常保持土壤湿润，一般插后15天左右形成愈伤组织，30天后开始生根，入冬前可生根8～9条，能安全越冬，翌年移栽。

(2) 建园

A. 园址选择　杜仲应选择缓坡、避风、阳光充足、土层深厚疏松肥沃、排水良好的地方建园。

B. 大坑足肥定植　大坑足肥定植是杜仲早发快长的关键，在定植时，通过挖大坑，进行微区改土，创造根系生长的良好环境以促进根系和地上部的生长。一般定植穴长、宽宜在1米以上。杜仲在幼树期根系较小，吸收能力较弱，应保证充足的肥水供给，在定植时每穴应施有机肥25千克，过磷酸钙0.5千克，尿素0.2千克。一般在杜仲苗高65～70厘米时即可进行定植，定植深度对杜仲成活影响很大。定植过深根系会缺氧，不利于新根产生；定植过浅根区土壤易干燥，根系缺水也不易成活。故杜仲定植时一般以比原土印深3～5厘米为宜。定植后要浇足定植水，用地膜覆盖保墒，保持树盘湿润，以提高成活率。

C. 适度密植　杜仲为强阳性树种。幼年不耐荫蔽，为不影响树体生长又能早期投产，可采用1米×2米株行距定植，亩植333株为宜。定植太稀，光能利用不充分，特别是幼年期光合面积少，产量难以提高；定植太密，树体间互相遮阴，影响树体的健壮生长。

(3) 生长期管理

A. 间作　定植后的1～5年，树体较小，行间可实行间作，以增加收入。间作物可选择草莓、豆类等作物，通过对间作物的中耕除草，对林地进行松土。

B. 耕翻和施肥　每年在春、夏、秋三季在树冠外围挖深0.5米、宽0.3米的沟，进行松土，促进根系扩展，增加吸收功能。结合深翻，每次每株施尿素

0.25～1千克，以补充树体快速生长所需养分。

C. 更新根系　随着根系生长老化，其吸收功能降低，4～5年后，应结合深翻，对直径在0.5～1厘米的根系，适当地短截一部分，以刺激产生新根，增加吸收功能。

D. 除草　杂草生长会消耗土壤中的水分、养分，抑制杜仲的生长，因而应在生长季及时铲杂草，以节省养分，促进杜仲的生长。

E. 修剪　杜仲抽枝力强，任其生长能形成高大树冠，推迟收获期。当树高长至3.3米时，应剪除顶梢，抑制长高，促尽快投产，同时对于多余的侧生枝应该分批疏除。

F. 病虫防治　杜仲抗性强，病虫害较少。生产中常发病虫主要有立枯病、根腐病、叶枯病、小地老虎、金龟子、蚜虫等，在生产中应加强防治，以减轻危害，促进产量的提高。

立枯病多发生在雨季，幼苗出土不久，在近地面的茎基部腐烂，收缩变褐，幼苗倒伏。防治时期在育苗前，每亩苗床用15～20千克硫酸亚铁撒畦面进行土壤消毒，然后播种；在发病初期，浇1000倍液36％～40％的甲醛，每平方米用药10千克左右。

根腐病多在6～8月份发病，幼苗根皮和侧根腐烂，茎叶枯死，一拔即起，但病苗不倒伏。防治时在栽植前每亩用1千克70％五氯硝基苯进行土壤消毒，栽植时注意选择无病种苗，并对种苗用1∶1∶150波尔多液浸根，晒干表面水分后再栽植，可很好地抑制该病的发生。当田间出现病株后，要及时拔除病株，用5％石灰水全面喷洒病区，防止病情蔓延。

叶枯病多发生在成年树上，发病初期叶片上出现黑褐色斑点，并不断扩大，病斑边缘褐色，中间灰白色，有时会破裂穿孔，严重时叶片枯死。防治时，在田间发现病叶后，立即摘除烧毁，用1∶1∶50波尔多液喷防，每7～10天喷一次，连续喷3～4次。发病初期和高峰来临前用65％代森锌可湿性粉剂500～600倍液或50％多菌灵可湿性粉剂600～800倍液喷防，每10天喷一次。

小地老虎主要危害根系，在日出前可进行人工捕杀，4～5月为危害盛期，可用600倍液毒死蜱浇穴杀灭。

蚜虫多在苗期发生，可在田间出现危害时喷10％吡虫啉2000倍液或3％苦参碱600倍液防治。

幼苗期易受金龟子危害，可用菊酯类农药进行防治，以保证幼苗健壮生长。

（4）剥皮　杜仲供药用的主要部位为皮，一般管理好的树体在5年生时，树粗即可达到10厘米，就可开始剥皮。剥皮宜在夏至后入伏前进行，选择生长健壮的树体，在主干离地面30厘米处，用芽接刀剥一圈，然后从环剥中段自上而下笔直划开，紧接着用刀将环剥圈外皮挑开，将树皮从上到下完整地剥下（图

2-134），剥皮时要注意以剥开皮层为宜，不要伤及韧皮部，防止手接触木质部破坏形成层，影响新皮的再生。剥皮宜采用逐年轮换的方法，一次剥皮不宜太宽，以纵向剥皮为好，每次剥宽宜在树周长的五分之一左右，剥后要对所剥部分用塑料包扎保护，以利于愈合。

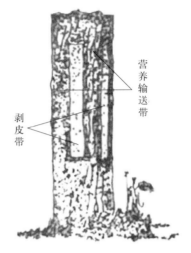

营养输送带

剥皮带

图 2-134　杜仲带状剥皮技术

（5）加工　将采下的树皮用开水浸泡，内面相对，平整重叠摆放，外加麦草包围，用木板压紧，使之发汗，一周后，抽样检查，如内皮呈现紫褐色，即可取出晒干，刮去粗皮，按规格修切整齐，即为成品（图 2-135）。

图 2-135　成品杜仲皮

五十、刺五加栽培技术

【功能及主治】

刺五加别名刺拐棒、五加皮、五加参等，属五加科五加属植物，为多年生小灌木。嫩芽、嫩茎叶可作蔬菜食用，树皮、茎皮可入药。嫩叶中富含胡萝卜素、各种维生素、挥发油、强心苷、多糖等，根皮中含有强心苷、生物碱、烟酸、挥发油等，具有很高的保健价值和医药价值。它辛温，入肝、肾经，用于治疗风寒风湿，腰膝疼痛，筋骨拘挛，体虚乏力，水肿，小便不利等症。

【形态特征】

株高 1～2 米，多分枝，枝上密生有针状刺。掌状复叶互生，小叶 5 枚，叶柄较长有细刺，小叶椭圆形或长圆形，先端渐尖，基部宽楔形，叶缘锯齿状，淡绿色，主脉明显，主脉、次脉和叶缘上都长有刺状茸毛。伞形花序单个顶生或 2～6 个聚生，花瓣 5 枚，紫黄色（图 2-136）。果实近球形，浆果。

图 2-136　刺五加植株

【生长习性】

刺五加喜温暖湿润的气候，喜阳光，耐阴、耐寒。对土壤要求不严，一般土壤均可栽培。抗性强，病虫危害轻。野生的多生长于阔叶林、混交林及灌木丛中。

【栽培要点】

(1) 繁殖方法 刺五加可用种子播种进行有性繁殖，也可用扦插繁殖、分根繁殖等无性繁殖，生产中可根据实际情况，灵活掌握。

A. 种子繁殖 刺五加种子需要一个夏季和一个冬季才能完成形态和生理的后熟过程，否则不能发芽。因此在采种后要放在湿沙中贮藏后熟较长时间。具体做法是在 9～10 月果实成熟时，采收果实放入清水中浸泡 1～2 天，软化，搓除果皮，捞出种子清洗干净晾干。将播种用的种子用湿沙贮藏在 20℃ 条件下 3 个月左右，有一半左右的种子裂口时，再转入 30℃ 条件下湿沙贮藏至播种时取出备用。播种时条播、穴播均可，株行距可按 5 厘米×15 厘米进行，播后覆土 2～3 厘米，稍压，浇水，覆盖柔软细草，或用遮阳网覆盖苗床，经常保持床面湿润。1 个月即可出苗，生长两年后移栽，移栽时株行距一般为 40 厘米×60 厘米，栽后要浇足定根水。

B. 扦插繁殖 在 7～8 月雨季进行较好，此期气温高，湿度大，插条不易枯萎，成活率较高。扦插时选择生长充实、健壮无病的 1～2 年枝条，剪成 10～15 厘米的茎段，剪除插条下部叶子，按照 5 厘米×8 厘米的株行距斜插于预先准备好的土壤中，插入深度为插条长度的 2/3，插好后浇水，然后覆盖地膜，半个月后即长出新根，扦插后在苗床上搭遮阳网遮阴。生长一年后移栽定植。

C. 分根繁殖 早春萌芽之前或秋季落叶后，将整株连根挖出，用利刀将分蘖枝和与它相连结的根系切分成独立植株，按株行距 40 厘米×60 厘米的标准定植，母株栽回原处。

(2) 田间管理

A. 间苗和定苗 苗高 3～5 厘米时进行间苗，疏除过密、病弱、徒长和畸形苗。在其后进行 2～3 次间苗，发现缺苗应及时补苗。苗长到 10 厘米左右时定苗。

B. 中耕除草 田间杂草生长时，与刺五加形成争肥争水争空间的矛盾，影响刺五加的生长。田间发现杂草应及时清除，苗小时可进行浅中耕，以后随着苗增高而逐渐加深耕深，一般在雨后或浇水后土壤露白（地表水分散失，颜色变白）时进行，以保湿增温。

C. 移栽定植 苗床育苗，一般经 1～2 次移植，最后定植于田间，以增大株间距，促进多发侧根抑制徒长。移栽前需浇水，以便移栽时少伤根。移栽最好在阴天、雨后或晴天午后和傍晚进行，移栽后应立即浇水或喷水，并适当遮阴，以利于成活。

D. 追肥 苗床结合间苗每亩施用尿素 7.5 千克左右，定植后结合间苗每亩施用磷酸二铵 15 千克左右，在植株旺盛生长期视生长情况，每亩施复合肥 10 千克左右，落叶后再每亩施磷酸二铵 15 千克左右，结合培土壅根，保护根系安全越冬。在每次追肥后及时浇水，提高肥料利用率。

（3）采收与加工　采收根皮最好在定植 3～4 年后进行，可于秋季，采挖大根（图 2-137），洗净，剥皮晒干（图 2-138），置于通风干燥处保存，防霉防虫。

图 2-137　刺五加鲜根

图 2-138　干刺五加皮

五十一、枸杞栽培技术

【功能及主治】

　　枸杞属茄科，为重要的经济树种，其根、果实均可药用，果实名枸杞子，具滋肝补肾、生精明目的作用，可治疗肝肾阴虚及早衰证。根皮名地骨皮，可凉血除蒸，清肺降火，治疗阴虚发热、肺热咳嗽、血热出血等症。

【形态特征】

　　枸杞为多刺落叶小灌木，野生种株高 0.2～1 米，栽培种株高 1～1.5 米，可人工栽培成 1.5～2 米的小乔木。根系多分布于地表下 20～60 厘米，枝条细，常披散下垂，有的变成刺；单叶互生或 2～3 叶簇生，有短柄，叶为菱状卵形或卵状披针形，上下表皮的栅栏组织都很发达，气孔密度小，抗蒸腾作用强。浆果椭圆或卵圆形，成熟时呈红色、橘红色或黄色（图 2-139）。种子扁圆形，花期 4～9 月份，果期 6～10 月份。

图 2-139　枸杞结果状

【生长习性】

枸杞抗旱力强，无限花序，花芽当年分化，花果期较长，边开花边结果，果实发育期 30～40 天。

枸杞树体寿命长，可达 60～70 年，结果早，有性繁殖苗木定植后次年结果，无性繁殖苗木定植当年可结果，4～6 年进入盛果期，25～35 年进入结果后期，35 年后进入衰老期。

枸杞具有广泛的适应性，年均温 6℃以上，生长季节有效积温在 1000℃以上的地区可以正常生长结果。适宜于多种土壤生长，在表土含盐量 0.5% 的土壤上正常生长、结果，表土含盐量达到 1%，pH 达到 10 时仍能生存，但结果不良；低温－42℃条件下可安全越冬；耐旱，年降雨量低于 100 毫米，年蒸发量大于1000 毫米的地区能正常生长，但要获得高产，需要年降水量在 400 毫米以上；喜干燥气候，不喜湿，地表积水往往导致死亡。

【栽培要点】

（1）育苗　枸杞可用播种育苗，也可用扦插育苗。播种育苗时可春播，也可秋播，每亩播种 0.5 千克左右，播种前可用湿沙混合种子置于菜窖中，待种子膨胀，约有 1/3 种子尖露白时播种，一般按行距 40 厘米的标准，开 2～3 厘米深的沟，进行条播，播后覆细土，轻轻踏实，覆草或压沙以利于保墒。在播后 10～

15 天即可出苗，在苗高 25 厘米左右时定苗，株距保留 15 厘米，每亩留苗 1 万～1.2 万株，苗高 70 厘米时摘心，以促进加粗生长。扦插育苗时可选 1～2 年生健壮枝条，剪成 20 厘米长插穗，用 15～18 毫克/千克萘乙酸浸泡 24 小时后扦插，成活率很高。

（2）建园 枸杞适应性很强，喜阳树种，稍耐阴，但在阴处结实不良，根蘖性、萌芽性均强，耐干旱、盐碱，喜排水良好的石灰质沙壤土，在建园时应选择土壤含盐量在 0.3% 以下、平整、无遮阴的地块建园，以利于生长。可秋栽，也可春栽，春栽在 3 月下旬至 4 月上旬进行，秋栽在落叶后至土壤封冻前进行，栽时挖深、直径各为 40 厘米左右的穴，每穴施入腐熟有机肥 3～5 千克，与土混匀，然后，将 1～2 年生壮苗去掉过长的细根，每穴栽 1 株，栽时先填表土，至半穴时，将树苗向上轻提，使根系舒展，再填土至满穴，浇水，踏实。枸杞树冠较小，一般采用 2 米×3 米的株行距，每亩定植 111 株为宜。

（3）生长期管理

A. 树形培养 枸杞在生产上应用的树形主要有"开心形""自然半圆形""三层楼"三种，其中"开心形"适用于高密度，"自然半圆形"适用于中密度，"三层楼"适用于低密度。整形过程分别如下：

a. 开心形 定植后于距地面 20 厘米处剪顶定干，选留 4 个方向分布均匀的枝作第一层主枝，顺主枝培养树冠，保护树冠中心开通，以利于透光，防止结果部位外移、产量降低。

b. 自然半圆形 于距地面 40 厘米处定干，定干后即从剪口下选留 3～5 个分布均匀的健壮枝作主枝，顺主枝逐年向上培养树冠，株高控制在 1.8 米左右，枝干从属分明，上小下大呈半圆形。

c. 三层楼 于距地面 60 厘米处定干，在剪口下 20 厘米范围内选留 6～7 个分布均匀的枝作树冠的第一层主枝，在栽后的第二年选主干上部直立的徒长枝于高出地面 1.2 米处剪顶，在上面选第二层主枝；第二年在培养一、二层树冠的同时，从第二层树冠中心选直立徒长枝于高出地面 1.6～1.7 米处剪顶，在上面留 4～5 个壮枝，作第三层主枝。

B. 深翻 枸杞园需在春天解冻后和深秋采果后及时进行耕翻，耕深 50 厘米左右，促进土壤熟化，疏松土壤，以利于根系生长，促进树体生长。

C. 肥水管理 肥水是枸杞高产的物质保障，由于枸杞果实转红与磷钾肥关系密切，因而枸杞施肥应以有利于高产和促进品质提高为原则，巧施基肥，基本做到每年在落叶后每株施油渣 1.5 千克左右，在花期及盛果期各施一次速效性氮肥，以补充树体所需要养分，每次每株施尿素 0.25 千克。5、6、7 月果实生长期，每月用 0.5% 尿素和 0.3% 磷酸二氢钾进行根外追肥一次。在水分管理上，开花初期要浇水一次，以后每摘一次果浇水一次，在土壤封冻前灌一次冻水，以利于树体安全越冬。

D. 修剪 修剪对提高枸杞产量，培养大果枸杞具有非常重要的作用，生产中可根据不同树龄、树势，进行修剪调节，以取得好的效果。

a. 幼树的修剪 幼树修剪以整形为主，整形方法参见"A. 树形培养"。

总之，定植后4～5年内，主要是扩冠，促进主干加粗，对于主干上过密的枝条，可适当疏除；对过旺的枝条可进行拉枝，以缓和长势。

b. 成年树的修剪 修剪栽植5～6年已经进入盛果期的枸杞树时，主要以改善通风透光条件为主，可剪除树冠内的枯枝枯梢，夏季5～6月，剪去主干上或主侧枝上萌发的无用徒长枝、密生枝、病虫枝，以减少养分的无谓消耗，促进果实发育，8～10月，主要清除主枝基部萌生的徒长枝；剪除树冠顶端直立枝，以控制树体高度；疏除树冠内膛的老、弱枝，剪除无用的横生枝、针刺枝、徒长枝和病虫枝，对于拖地枝进行回缩处理，以增强树冠的通风透光能力。

E. 病虫防治 对枸杞危害较大的害虫主要有蚜虫、木虱、瘿螨和实蝇，对蚜虫、木虱、实蝇可用48％毒死蜱乳油1500倍液喷雾防治。

(4) 采收加工 枸杞子的采收在芒种至秋分之间进行，当果实由绿变红或橙红色、果肉稍软时采收。采收过早，色泽不鲜，果不饱满；采收过迟，果实易脱落，加工质量差。注意不要在雨后和有露水时采摘。采后的果实，阴干或晾干，不宜暴晒，以免影响质量。一般晒制时晒至果皮干燥而果肉柔软时即可，商品枸杞子以粒大、肉肥厚、色鲜红、味甜、质柔软者为佳（图2-140）。

图 2-140 成品枸杞

地骨皮为枸杞的根皮，应在立春开冻前刨根取皮，这时根皮质量好，容易剥皮，到清明后，地骨皮质量较差。地骨皮剥下后晒干或趁鲜切碎晒干。商品地骨皮以块大、气浓、无木心者为佳。

五十二、山茱萸栽培技术

【功能及主治】

山茱萸是山茱萸科多年生落叶乔木或灌木，以果肉入药，其品种分为大花、中花和小花，中花品种最受药厂、药商青睐，价格高于其他两个品种。山茱萸具有补益肝肾、涩精止汗的功效，主治腰膝酸痛、眩晕耳鸣、阳痿遗精、月经过多等症。

【形态特征】

山茱萸树皮褐色，成片状剥裂。单叶对生，叶片卵形至椭圆形，多毛，顶端渐尖，基部楔形，侧脉 6～8 对平行。伞形花序腋生，叶前开花，核果椭圆形，成熟时红色（图 2-141），花期 3～4 月，果期 8～10 月。

图 2-141　山茱萸结果状

【生长习性】

山茱萸喜温暖湿润气候，在含腐殖质较多的沙壤土上生长良好。一般栽植后 2 年开始结果，3～4 年后进入盛果期。山茱萸树的寿命可长达百年以上，生长 20～50 年内的树产量最高，一般株产达 25 千克左右。山茱萸开花量大，坐果率低，大小年结果现象突出。

【栽培要点】

(1) 繁殖方法 山茱萸可用种子播种繁殖，也可用压条、分株繁殖，其中以种子播种为主。

种子播种繁殖时，秋季采收山茱萸后，选个大、色红、肉厚的果实，剥去果肉，洗净，在向阳的地方按每100千克种子挖一个2米×2米、24厘米深的坑，然后一层湿沙一层种子放入坑内，反复铺几层，上面盖一层沙子，保持坑内潮湿，种子进行层积处理到翌年秋天应及早检查，如果发现种子大部分能露出白嫩的胚根，就可取出播种。如果露白的种子少，可等到第三年春季播种。

播种时先要对育苗地进行深翻，结合深翻，亩施充分腐熟的农家肥2500～3000千克，将肥料均匀撒施地表，然后用旋耕机旋耕两遍，旋深15～20厘米，耙平，然后按行距24厘米的标准开深5厘米左右的浅沟，将层积后的种子与种子量5倍的细沙混匀，均匀撒播于沟内，每亩用种12.5千克左右，播后覆土约6厘米高。春季发芽后，及时搂平地垄。苗期要注意保湿，防止土壤板结。苗出土后，及时除草，在苗高15厘米左右时进行松土中耕，结合中耕，每亩施尿素5千克左右，有浇水条件的在施肥后浇水，没有浇水条件的，最好在雨后乘墒施肥，以加速幼苗生长。如出苗过密，可进行间苗。在落叶后，将苗木在离地面3～5厘米处平茬，用土或充分腐熟的农家肥覆盖，以利于幼苗安全越冬。翌春出苗后再每亩施尿素5千克左右，及时清除田间杂草，保证植株健壮生长，培育2年，苗木可长到60～80厘米。

(2) 定植 春季土壤解冻后，在准备建园的土地上，按株距2米、行距2.5米的标准，挖口径30厘米左右、深30厘米左右的坑，坑内放一锨腐熟的农家肥，填入适量的表土，然后将树苗放入，埋土，当坑填到2/3左右时，将树苗往上提一提，保持根系舒展，然后填平坑，踏实，有浇水条件的浇水，没有浇水条件的及时用地膜对树盘进行覆盖，防止土壤水分蒸发，以提高成活率。

(3) 栽后管理

A. 抓好覆盖保墒，促进幼树健壮生长 在我国北方，降水较少，而蒸发量较大，非常不利于山茱萸生长，而大部分山茱萸园没有浇水条件，因而保住降水便成为提高产量的关键。在树体生长过程中，要及时对树盘或栽植行进行地膜覆盖，以减少土壤水分蒸发，提高天然降水的利用率，促进树体健壮生长，提高结果能力。

B. 施肥补养 肥料是山茱萸产量形成的物质基础，每年应抓好两次肥料的施用，以补充土壤养分，满足树体生长结果对养分的需求。一次在采果后施用，以补充树体结果消耗的养分，另一次在果实生长期施用，以促进当年产量的形成，促进明年花芽分化的进行。采果后施肥以有机肥为主，每亩据树大小，施用农家肥2000～4000千克，果实生长期追肥以磷酸二铵为主，按树大小，每亩施用 15～40 千克。在树梢外缘开沟施用。

C. 树体冬季保护　在寒冷地区栽植时，幼树冬季易冻死，要加强冬季保护。1～3 年小树，冬季可用埋土的方法，防止冻害的发生。在土壤封冻前，将植株弯倒，用土压埋，埋土厚度 15～20 厘米，第二年发芽前，将苗从土中放出。

3 年生以上的大树，不便埋土防寒，可采用冬季涂白的方法，减轻冻害的发生。

D. 修剪　山茱萸一般采用丛株状或开心形整形，在苗木定植后，在离地面20～30 厘米处定干，选留 6～8 个饱满芽，其余的抹除，芽发育成新枝，株高约1 米时进行整形，选择 3～4 个分布均匀、生长健壮的枝作主枝，其余的拉下垂促进结果。从第二年开始在所选的主枝上配备侧枝，第一侧枝离中干 40～50 厘米，在第一侧枝的对面 50 厘米左右处选留第二侧枝，第三年配备第三、第四侧枝。这样经过 3～4 年，树形即可培养成。修剪时以枝条长放为主，少短截，对过细、过密的枝条及病虫枝要及时疏除，保持树冠通风透光，以提高结实能力。

E. 病虫防治　山茱萸生产中易受灰色膏药病、食心虫等危害，影响产量，生产中应注意防治。灰色膏药病危害枝干，多发生在老树上，对有病老树要及早间伐或剪除，以控制病源，对个别枝条上的病斑，要及时刮治，先用刀割除病斑，然后在病处涂石硫合剂防治，全园喷 10％多抗霉素 1500 倍液或 43％的戊唑醇 3000 倍液、70％代森锰锌可湿性粉 500 倍液、800～1000 倍液的 80％大生 M-45、0.3％四霉素水剂 600～800 倍液、25％丙环唑 5000～6000 倍液、10％苯醚甲环唑（世高）2000 倍液防治。食心虫多在 9 月上中旬发生，主要危害果实，可在 8 月底 9 月初，田间喷 25％除幼脲悬浮剂 2500 倍液、25％除虫脲可湿性粉剂 1000 倍液、青虫菌 6 号悬浮剂 600 倍液、Bt 乳剂 600～1000 倍液防治。

(4) 采收加工　山茱萸栽植后 4 年开花结果，10～15 年后进入盛果期。在 10月份后，果实变红时开始采收，采收时要注意保护下年的花蕾，防止将果枝折断。

果实采收后放几天稍干，然后用砂锅煮（不能用铁锅，否则果实颜色会变黑），将果实倒入锅中，不停地搅动，10～15 分钟后，捞出放凉水中，用手捏皮。最后将肉与核分开，晒干即成。

山茱萸药用以色红、肉厚、油大、无杂质和果核者为上品（图 2-142）。

五十三、厚朴栽培技术

【功能及主治】

厚朴属我国特产，其皮、花均可入药，树皮含有厚朴酚、异厚朴酚、木兰醇、生物碱、挥发油等成分，是重要的中药材，用于胸腹胀痛、呕吐泻痢、宿食不消、咳嗽气喘等症。

图 2-142　成品山茱萸肉

【形态特征】

厚朴为落叶乔木，高达 20 米；树皮厚，褐色，不开裂；小枝粗壮，淡黄色或灰黄色，幼时有绢毛；顶芽大，狭卵状圆锥形，无毛。叶大，近革质，7～9片聚生于枝端，长圆状倒卵形，长 22～45 厘米，宽 10～24 厘米，先端具短急尖或圆钝，基部楔形，全缘而微波状，上面绿色，无毛，下面灰绿色，被灰色柔毛，有白粉；叶柄粗壮，长 2.5～4 厘米，托叶痕长为叶柄的 2/3（图 2-143）。花白色，直径 10～15 厘米，芳香；花梗粗短，被长柔毛，距花被片下 1 厘米处具包片脱落痕，花被片 9～12 枚，厚肉质，外轮 3 片淡绿色，长圆状倒卵形，长 8～10 厘米，宽 4～5 厘米，盛开时常向外反卷，内两轮白色，倒卵状匙形，长 8～8.5 厘米，宽 3～4.5 厘米，基部具爪，最内轮长 7～8.5 厘米，花盛开时中内轮直立；雄蕊约 72 枚，长 2～3 厘米，花药长 1.2～1.5 厘米，内向开裂，花丝长 4～12 毫米，红色；雌蕊群椭圆状卵圆形，长 2.5～3 厘米。聚合果长圆状卵圆形，长 9～15 厘米；蓇葖具长 3～4 毫米的喙；种子三角状倒卵形，长约 1厘米。花期 5～6 月，果期 8～10 月。

【生长习性】

厚朴为喜光的中性树种，幼龄期需荫蔽；喜凉爽、湿润、多云雾、相对湿度大的气候环境。在土层深厚、肥沃、疏松、腐殖质丰富、排水良好的微酸性或中性土壤上生长较好。

图 2-143　厚朴树生长状

【栽培要点】

(1) 厚朴苗的培育

A. 采种　厚朴种子在白露前后成熟，成熟时聚合果果荚部分开裂，露出红色的种子。这时采种较适宜，采种过早，营养积累不够，胚芽发育不全，发芽率低；采收太迟，则聚合果完全开裂，种子掉入地中造成损失。采种母树要求年龄在 8 年以上，树龄太短，种子粒大，胚芽发育不全面，发芽率低。作为育苗用的种子每千克 6400～7200 粒正好，种子要有光泽，种沟内有突出的胚芽，种胚外有一小洞，外表黑色或黑褐色。

B. 种子贮存　采收的种子必须进行处理，以提高发芽率。一般需先用 0.1％的高锰酸钾或 40％福尔马林 200～400 倍液浸泡 5～15 分钟进行消毒，然后进行沙藏，沙藏时沙子与种子的体积比为 5：1，堆积高度不超过 80 厘米，沙藏中间每隔 1 米埋入作物秸秆捆进行通气。贮藏期间 10～15 天翻动一次。播种前一个月洒水催芽，这时沙子要湿润，含水量 30％左右，即抓一把沙子能手握成团，指缝见水而不滴为宜，到种子有 30％露白即可播种。

C. 苗圃地选择　厚朴育苗应选择交通便利、排水灌水方便的地方。要求土层深厚肥沃，通透性强，保水保墒性能好，pH 为 4.5～6.7 的微酸性沙壤土。半阴半阳的地方优于全光照的平地。厚朴不耐连作，切忌在前茬种植过茄科作物的菜地和育过杉木、马尾松的育苗地育苗。

D. 苗床处理　春季土壤解冻后，全园深翻 30 厘米左右，结合深翻每亩施入充分腐熟农家肥 2000 千克左右，磷酸二铵 40 千克左右作底肥。

E. 播种　厚朴可秋播，也可春播。秋播的在土壤封冻前进行，将采集到的种子进行消毒后即可播种。春播在 3 月下旬至 4 月初进行，可条播，也可撒播，条播每亩用种 7.5～10 千克，撒播每亩用种 10～12.5 千克，最好在雨后或阴天进行播种，播种后覆土厚度以看不见种子为宜，然后覆盖麦草保温保湿，每亩用麦草 150～200 千克，到种子发芽 2/3 后揭去覆盖草，揭草要选择阴天、雨前或晴天傍晚进行，也可在苗床上搭遮阳网进行培育。

F. 苗木管理

a. 中耕除草　在苗木有 2～3 片真叶时，进行浅中耕，以后每隔 20 天进行一次，以改变土壤的通透性，直到厚朴封行后，停止中耕。

b. 施肥　当苗木有 2/3 出现两片真叶时，进行第一次追肥，用 0.3% 尿素溶液浇灌，以后每隔 10～15 天追肥一次，每次每亩用尿素 1.5～2.5 千克，硫酸钾 3 千克左右或三元复合肥 5 千克左右。

c. 灌水　厚朴苗木对水分的要求较高，只要连续 7 天晴天就需浇水，若连续干旱 1 个月以上，应每隔 2～3 天浇水一次，每次需浇透。

d. 补苗、间苗　5 月初开始，间密补稀，使苗木分布均匀，保证每平方米有苗 50 株以上、80 株以下，以便培育壮苗，补苗、间苗在 6 月初要完成。

e. 病虫害防治　厚朴育苗时易发生立枯病，生产中要加强防治，在连续阴雨天转晴后，可用 70% 甲基硫菌灵 800～1200 倍液喷防。

（2）栽植技术

A. 造林地选择　虽然厚朴适应性强，但要想获得好的经济效益，必须选择海拔较高，湿度较大，土层深厚肥沃，质地疏松，通透性好，土壤微酸性的沙壤土栽培。

B. 选择壮苗栽植　一般栽植的苗木要求高度在 20～30 厘米之间，地径应在 0.7～1 厘米之间，根系完整无病虫害，对根颈处有死皮或有死根的苗木应剔除，以提高造林质量。

C. 造林　厚朴秋春季均可栽植，秋季在土壤封冻前均可进行，春季在清明至谷雨期间进行，可按（1～1.5）米×1.5 米的株行距栽植。为了提高成活率，在栽植前可用 25 毫克/千克生根粉进行蘸根处理。

（3）田间管理

A. 松土除草　在造林后的头三年，要多次进行田间中耕，铲除杂草，保证厚朴苗木健壮生长。

B. 修剪　在幼林郁闭前后一两年内，剪除林中萌条，整理干形，保持主干明显。

（4）剥皮技术

A. 增皮技术　在剥皮前 2 年，在 3 月初树液开始流动时，用光滑的木棍从厚朴基部轻敲树皮到第一分枝处，次年敲另一面，敲的程度为使树木木质部面不开裂；或者，在树基部向上斜砍 2～3 刀，深度是树干径的 1/4，次年在另一边砍。

B. 剥皮时间　在树液已开始流动，而枝叶不展开时进行剥皮，或在落叶前而树木未进入休眠时进行。

C. 更新复壮　剥皮后，将树截平，利用萌条进行更新，每株仅留一株萌条。

(5) 厚朴加工　在通风的屋内或草棚里，搭好木架，木架离地面的高度为 1 米，将厚朴皮斜放立架上，经常翻动，使其尽快干燥。三伏天以后，树皮干透，便可按不同规格打捆。这种阴干的厚朴，油润、味香，比晒干的质量好（图 2-144）。因为阳光曝晒后，香味、油分容易散失，而且药材也易于破裂。注意不能将厚朴直接堆放在地上，避免反潮和发霉。

图 2-144　干制的厚朴皮

五十四、五味子栽培技术

【功能及主治】

五味子又名面藤、山花椒、五梅子，为木兰科五味子属的多年生落叶木质藤本植物，以果实入药为主。五味子味酸、甘，性温，含五味子素、去氧五味子素、五味子醇、维生素 C 等成分，有敛肺滋肾、生津止汗、涩精止泻、宁心安神之功效。主治肺虚喘咳、梦遗滑精、津伤口渴、自汗盗汗、久泻久痢、健忘失眠等症。

【形态特征】

五味子为多年生木质藤本植物，长达 6～8 米，其小枝细长，红褐色，具明显皮孔。叶互生，倒卵形、宽椭圆形至卵形，光滑，长 5～11 厘米，宽 3～8 厘米，先端近渐尖，基部楔形，边缘具稀疏细锯齿。叶柄长 2～3 厘米。五味子为雌雄同株异花植物，通常 4～7 朵轮生于新梢基部，一般中长枝雌花比例可达40% 以上，短枝为 20% 左右，叶丛枝 100% 为雄花。花开后下垂。五味子的果穗由单个雌花经授粉、受精后发育而来，聚合果穗状，穗梗由花托伸长生长而成，小浆果螺旋状着生在穗梗上，形成长圆柱形，不同株系间穗长、穗重差异较大，穗长在 5～15 厘米之间，穗重在 5～30 克之间，下垂，先绿色，熟后深红色（图2-145）。单粒浆果球形或卵圆形，横径 6～8 毫米，重 0.35～1.1 克，内含 1 粒种，果实具不明显腺点。种子肾形，褐色。花期 5～6 月，果期 8～10 月。3 年生以上植株从基部发出的萌蘖枝，当年可达 2 米以上，且雌花比例高。

五味子除具有一般藤本树体的特性外，还具有特殊的生物学特性，除具有正常的地上茎外，还具有地下横走茎，在自然条件下，地下横走茎向外扩展，进行无性繁殖。五味子的地下横走茎为棕褐色，前端扁平，较嫩，为向前伸展的生长点，茎上可见已退化的叶，叶腋处着生腋芽，茎下生不定根。横走茎先端的芽较易萌发，萌发的芽中，前部多形成水平横走的横走茎，向四周伸展，后部的芽形成萌蘖。在人工栽培条件下，五味子的地下横走茎既有有利的一面，也有不利的一面，一方面可以利用其抽生的萌蘖选留预备枝，对衰老的主蔓进行更新，另一方面，又必须把不需要的萌蘖去掉，以免与母体争夺养分。

图 2-145　五味子结果状

【生长习性】

五味子喜湿润阴凉的环境，但不耐低洼积水。五味子无主根，只有少数须根，因此不耐干旱。喜肥沃微酸性土壤。耐寒、需适度荫蔽，幼苗前期忌烈日照射，但长出5～6片真叶后，则要求比较充足的阳光。

【栽培要点】

(1) 繁殖方法 五味子可采用种子繁殖，也可采用扦插繁殖和压条繁殖，大面积生产以种子繁殖为主。

A. 播种育苗 五味子育苗春秋均可播种，8～10月果实完全成熟时采摘，进行后熟处理。五味子种子具有后熟、休眠特性，种子收获时胚还没有发育好，需在低温湿润条件下，如在0～5℃低温下湿沙埋藏3～4个月后胚发育成熟，种子才能萌发。一般在收获时选择果粒大、均匀一致的果穗作种用，晒干或阴干，结冻前用清水浸泡2～3天，待果肉完全膨胀后搓去果肉，用水漂出瘪粒，洗选出的种子与3倍的细沙充分搅拌均匀，调好湿度，以手握不出水为度，装入塑料编织袋至三分之二处，放室外冷冻一个月完成生理后熟过程。移入室内，保持20～25℃，促进胚生长，每隔10天翻动一次，使其受热均匀，室内处理种子需要70～80天，种子裂口、胚根萌动，完成形态后熟。

5月上中旬播种，播前土壤要进行深翻，结合深翻，亩施入充分腐熟有机肥2000千克左右作底肥，翻后将地整平，按行距10厘米的标准，开深5～6厘米的沟，进行条播，每亩播种量掌握在2千克左右，播种后覆土3厘米左右，稍加镇压，一个月左右即可出苗。

播种后立即在苗床上搭高50～60厘米的棚架，用草帘或遮阳网遮阴，每隔2天浇一次水，保持土壤湿润，小苗长出3～4片真叶时，即可揭掉草帘或遮阳网。苗床出现杂草要及时拔除，减少对五味子幼苗生长的影响。苗期易发生叶枯病，当田间出现叶枯现象时，可用1:1:100（硫黄粉:生石灰:水）波尔多液喷防。一般小苗当年可长10～15厘米高，5～10片叶，翌年春即可移栽。

秋季播种时，可在果实成熟后，采收果实，洗净果肉，晒干使用，于土壤封冻前在育苗床上按行距25厘米的标准，开出深3厘米沟，踩平，均匀播种，覆土2厘米，然后用麦草覆盖床面，浇透水，每亩播种量5千克左右。第二年出苗率达70%时逐步撤去覆盖物，小苗高5厘米时按株距3厘米定苗，每亩留苗2万株左右，苗期要注意及时清除杂草，保证幼苗健壮生长。

B. 扦插繁殖 春天植株萌动前选1年生枝条，或秋天花后期，雨季剪取坚实健壮的枝条，剪成12～14厘米长的段，每段有2～3个芽，上口剪平，下口剪成45°斜面，插条基部用ABT 1号生根粉150毫克/千克浸6小时或萘乙酸（NAA）500毫克/千克浸12小时，后斜插入备好的苗床，插深占插条的2/3，保持行距20～30厘米，株距7～10厘米，然后搭棚遮阴，保持土壤湿润，干时浇水，以促进生根，每亩可插1.5万株。

C. 压条繁殖　在春季萌芽前进行，选择健壮茎蔓，清除附近的枯枝落叶和杂草，在地面每隔一段距离挖 1 个 10～15 厘米深的坑，小心地将五味子茎蔓从攀援的植物上取下来，放在坑内覆土踏实，待扎根抽蔓后即成新植株，来年移栽。

（2）定植　栽培五味子时应选择背阴坡地或平地，要求栽植地地下水位在 1 米以下，不然生产中易发生涝害。4 月下旬至 5 月上旬定植，定植时按行距 150 厘米、株距 80 厘米的标准，挖直径 50 厘米、深 30 厘米的定植穴，每穴施有机肥 5 千克左右，与土壤混拌均匀，栽苗时要使根系舒展，浇足水，水渗完后用土封穴，防止水分蒸发。

（3）田间管理

A. 搭架　五味子是缠绕性藤本植物，栽培中需搭架。移栽后的五味子，当枝条长到 35 厘米左右时，开始卷曲，应及时搭架，一般立架比较好，便于作业，枝条能顺杆直爬，与相邻植株互不相扰，通风透光，有利于植株生长。一般在栽后第 2 年后搭架，通常用水泥柱或角钢做立柱，用竹竿或 8 号铁丝在立柱上部拉一横线，每个主蔓处立一高 250～300 厘米，直径 1.5～2 厘米的竹竿，用绳固定在横线上，按右旋方向引五味子茎蔓上架，用绳绑好，以后就可自然上架了。

B. 修剪　每株除选留 3～4 个粗壮枝条培育外，其余大部分基生枝条均剪掉。五味子修剪在春秋两季进行，春季修剪时，剪去病枝，适当疏除密挤枝，剪掉短结果枝和枯枝，长结果枝留 8～12 个芽，其余截去，使果枝呈互生状排列，空间分布均匀合理。徒长的植株应适当重剪，每条侧果枝留 3～5 个芽，每年从根茎处生出许多新枝，呈丛生状态，也要及时剪去，可提高果实产量和质量。秋季修剪在落叶后进行，主要修剪基生枝。一般注意保留 2～3 个营养枝作主枝，并引蔓上架。

C. 中耕除草　移栽后要及时进行中耕除草，疏松土壤，提高地温，促进生长。

D. 施肥浇水　五味子是喜肥植物，特别在开花结果期，如水肥不足，影响花芽分化，授粉不良，造成落花落果。每年生长期追 2 次肥，第一次在 5 月中旬，第二次在开花后，每次每株施有机肥 2 千克左右，追肥后有浇水条件的进行浇水。

E. 病虫害防治　五味子生产中易发生叶枯病、根腐病和大豆螟蛾危害，影响产量，生产中应加强防治，以控制危害，促进产量提高。

叶枯病一般在 5 月下旬至 7 月下旬发生，叶尖先开始发病，逐渐扩大蔓延，严重时全叶枯黄而死，通常高温多雨通风不良时易发病。当出现症状时，可用 50% 多菌灵 600～800 倍液进行喷防，每隔 10 天喷一次，连续喷 2～3 次。

根腐病主要在 5 月上旬至 8 月上旬发病，开始时叶片萎蔫，根部和地表交接处变黑腐烂，根皮脱落，严重时整株死亡。防治时应注意排水，保持土壤不积水，在发病初期用60%多·福（多菌灵30%、福美双30%）800倍液灌根防治。如整株死亡，应将死株挖出烧毁，将栽植穴土换掉，重新栽植。

大豆蟆蛾以幼虫危害为主，主要危害期在7～8月，初龄幼虫咬食叶肉，3龄后吐丝卷叶取食，造成减产。防治应在卷叶前用800倍液哒螨·灭幼脲（蛾螨灵）或1.8%阿维菌素1000倍液喷防。

（4）采收加工 人工栽培五味子，3年开花结实，6年进入盛果期，每年7月下旬果实呈现鲜红色时采收。采下的果实在阳光下晾晒，随晒随去掉果柄、黑粒和杂质，晒到用手能握成团，松手能慢慢散开为宜，果实油润光泽（图2-146）。过湿达不到收购的标准，过干降低等级。

图 2-146　成品干五味子

五十五、山楂栽培技术

【功能及主治】

山楂号称长寿果，据测定果实可食部分每100克含蛋白质0.7克，脂肪0.2克，糖22克，粗纤维2克，无机盐0.9克，钙85毫克，磷25毫克，铁3.1毫克，胡萝卜素0.82毫克，维生素C 8.9毫克，以及核黄素、果胶等多种营养成分。

山楂具有很高的医疗价值，是一味重要的中药，有50多种中成药的制作需山楂作原料，山楂有消食化积、行气散瘀的功能，可治疗饮食积滞、泻痢腹痛、瘀阻痛经等证。

【形态特征】

山楂为落叶小乔木，枝密生，有细刺，小枝紫褐色，叶片三角状卵形至菱状卵形，长2～6厘米，宽0.8～2.5厘米，基部截形或宽楔形，两侧各有3～5羽状深裂片，基部1对裂片分裂较深，边缘有不规则锐锯齿。复伞房花序，花序梗、花梗都有长柔毛；花白色，直径约1.5厘米；萼筒外有长柔毛，萼片内外两面无毛或内面顶端有毛。果实深红色，近球形（图2-147），顶端凹陷，有花萼残迹，基部有果梗或脱落，质硬，果肉薄，味酸微涩。花期5～6月，果期9～10月。

图 2-147　山楂树结果状

【生长习性】

山楂枝条顶端优势明显，发枝力强，冠内枝条易密生。幼年树层性明显，但生长过程中中心干易偏斜或消失，使树冠偏斜，整形中应注意调整。盛果期后枝头下垂，树姿开张，多呈自然半圆形或圆头形树冠。后期休眠芽容易萌发，有利于树冠更新和延长盛果期年限。山楂根系发达，容易发生根蘖，除用以繁殖苗木外，应予清除。

进入结果期的枝条，只要生长适度，发育充实，顶芽及其下1～4芽都易形成花芽。山楂的花芽是混合芽，第二年先抽生新梢，再在梢端及其附近叶腋中抽出花序结果。结果新梢不形成果台。初结果的树上，5厘米以上的中、长结果母枝占多数，它们结果数量多，着果牢靠。盛果期的大树，一般以5厘米以下的短结果母枝占多数，它们连续结果能力较差。

山楂有自花授粉、受精和单性结实的特点，但异花授粉能显著提高着果率。山楂为伞房花序，每花序一般有花 15～30 朵。常表现出花序着果率高而花朵着果率低的特点。单花着果率约在 20%，因品种、树龄和着果部位而有较大的差异，树冠外围多高于内膛。每花序一般着果 4～6 个。山楂花期较晚，果实生育期较长，晚熟品种需 140～160 天。

结果新梢开花结果后有两种情况。一种是在顶部结果的同时，其下部分侧芽仍能分化花芽，在次年连续结果，一般可持续 2～5 年，依品种、树势和结果母枝健壮程度而异。另一种情况是顶部开花结果后，其下侧芽只发育成叶芽，第二年抽生发育枝，然后在发育枝上再形成花芽而于第三年再次抽梢结果，呈交替结果现象。也有间隔 2～3 年才发生花芽然后再抽梢结果的。栽培上应多培养能连续形成花芽的结果母枝类型，以达到丰产稳产的目的。

山楂树对环境适应性强，较耐阴，抗风，耐旱、耐寒，在冷凉湿润、光照充足的环境生长健壮，对土壤要求不严，但在深厚肥沃的中性或微酸性土壤上根系生长发达，产量高，寿命长。

(1) 对温度的要求　山楂对温度适应范围较大，年平均气温在 4.7～16℃的地区都能种植山楂，以 12～15℃ 为最适发展区。山楂能忍耐的最高温为 43.3℃，能较长时期忍耐 40℃ 的高温。各地的气候条件不同，均有当地最适宜的栽培类型或品种。各地的不同品种对积温要求不同，最低为 2000℃，最高为 7000℃，年生育期为 180～220 天，萌芽抽枝所需日均温为 13℃，果实发育需 20～28℃，最适温为 25～27℃。

(2) 对光照的要求　山楂树冠对光的要求很严格，光照对结果影响很大。在自然生长状态或管理粗放的山楂园，明显的表现为外围结果，并容易出现大小年现象。

(3) 对水分的要求　山楂较耐旱，适应性强，但是，过度干旱会严重影响果实的生长发育，使果个变小，落果严重，产量降低。生长前期遇到干旱，大批落花落果，特别干旱时甚至会引起树体死亡。一般在年降雨量 500～700 毫米的地区生长良好。山楂也比较耐涝，在多雨年份或季节，即使积水一周左右，仍能正常生长，但不抗暴风雨的突然袭击，因为山楂的根系较浅，往往出现树冠倾斜或倒树现象。

(4) 对土壤的要求　山楂树对土壤要求不严，适应性广，但要进行效益型生产，则需种植在土层深厚、土质疏松肥沃的地方。

【栽培要点】

(1) 适地适栽　山楂虽然抗性较强，但要进行经济栽培，一定要适地栽培，为高产优质打好基础。山楂为浅根性树种，主根不明显或没有主根，侧根大部分分布在地表下 40 厘米土层内。山楂树栽培一般以冷凉湿润的小气候为宜，要避免在干旱贫瘠的地方发展。

(2) 选用良种 山楂由于栽培历史悠久，生产中品种繁多，表现优良的有大金星、大红袍、大白果、红口山楂等，它们共同的特点是萌芽力强，成花早，坐果率高，易丰产。

(3) 合理密植 山楂较耐阴，但经济产量的形成必须有充足的光照作保障，因而栽植不可过密，可按 3 米×4 米的株行距定植。

(4) 提高栽植质量，促进成活，提高果园整齐度

A. 选择壮苗定植 定植时要选择根系齐全，苗木粗壮，芽饱满，苗高 100 厘米左右的优质苗，这类苗木体内养分积累充足，栽后有利于缓苗，可提高成活率。

B. 大坑栽植 栽时应挖大坑，以疏松土壤，减少根系生长的阻力，以利于幼苗健壮生长，同时通过挖坑，用表土回填，改良根际土壤环境，促进根系生长，以形成强大根群，提高树体抗性，一般定植穴长、宽、深应在 80 厘米以上。

C. 栽前苗木补水 对于外边调来的苗木在栽前将根系在水中浸泡 5~8 小时，以补充植株体内水分，对提高成活率非常有益。

D. 栽植深度适宜 山楂为浅根性树种，栽植时可采用深坑浅埋法栽植，在 80 厘米深的定植穴中填入表土 50 厘米踏实，然后放入苗木栽植，栽后留 10 厘米左右的坑，进行浇水，待苗木成活后，于第二年再将坑填平。

E. 栽后覆盖 苗木栽植后，在定植穴上盖 1 平方米的塑料薄膜，进行保墒。

F. 枝干套袋 春季风大，苗木栽植后，水分蒸发量大，会影响成活，可在枝干套塑料膜袋，以抑制枝干水分的蒸发，促进成活率提高。

(5) 幼树期管理 幼树期管理的目标是促进树冠扩大，以利于尽快形成光合面积，促进早投产。管理的主要内容包括：

A. 合理间作 山楂树栽植的前 4 年，树冠较小，行间有较大的空间，可进行间作，以增加前期收入。山楂幼树园间作时应注意留足营养带，保证树体健壮生长。在栽植的第一年以树干为中心留 1 米宽的营养带，第二年留下 1.5 米的营养带，第三年留 2 米的营养带，第四年留 2.5 米的营养带。同时要注意合理选择间作物，间作物要低干矮冠，有较高的经济价值，与山楂没有共同的病虫害。一般可间种西瓜、洋芋、豆类等作物。

B. 扩穴深翻 强大的根系是树体健壮生长的根本保障，在山楂树栽植后的 4~5 年内，应争取将全园土壤进行一次耕翻，以达疏松土壤，改善根际土壤理化性状，优化根际土壤组成之效果。每年围绕树干向外深翻树盘，翻深 60 厘米左右，宽 50~100 厘米，翻时生土熟土分置，用熟土回填，生土分摊，以利于熟化。

C. 覆盖保墒 我国北方降水量较小，空气干燥，不利于山楂根系生长，可通过应用砂石、杂草、薄膜等对树盘进行覆盖，改善根系生长环境，促进根系健壮生长。

D. 补充肥料　幼树期山楂树体以长树为主,肥料的供给上应以氮磷肥为主,每年每株树在9月底10月初按每龄施用优质土杂肥10～15千克,在3月底4月初按每龄施用磷酸二铵0.1千克的标准适时补充肥料。

E. 树形培养及修剪　山楂干性强,层性明显,可采用主干疏层形树形,一般树成形后干高60厘米左右,树高4米左右,全树选留主枝5～7个,分三层错落排列,一、二层层间距80～100厘米,层内距10～20厘米,二、三层层间距60～80厘米。

a. 树形培养过程　苗木栽植后在地表以上80厘米处定干,在60厘米左右选留第一枝,在60～80厘米间错落选留基部三主枝,防止轮生、对生,三主枝水平分布。由于山楂发枝力强,要注意抹除多余枝。以后中干延长枝放任生长,其上萌生的枝要适当疏除,留细弱枝,以免影响中干长势,在距第一层主枝80～100厘米处选留第二层主枝,所选主枝不短截,在主枝上萌生的枝注意疏强留弱,保持主枝优势,中干不短截,自然延伸。在第二层主枝以上60～80厘米处选留第三层主枝,注意疏除层内的强枝,留弱枝辅养树体,保持树体主从分明,这样4～5年即可培养成形。

b. 幼树修剪　由于山楂枝条有开张性,一般不需特别拉枝处理,由于山楂发枝力强,修剪中应以长放为主,注意疏除过密枝,多留平斜生长或发育中庸的枝条,使其形成结果母枝。幼树期易发生偏冠现象,应注意及时矫正。

F. 病虫防治　山楂幼树易患白粉病,可在发芽前喷5波美度石硫合剂,发病初期喷三唑酮进行防治。危害幼树的害虫主要有金龟子、刺蛾等,可用啶虫脒、溴氰菊酯等进行防治。

(6) 盛果期树的管理　盛果期树的管理的重点是稳定产量,提高生产效益。管理的重点内容有:

A. 覆盖保墒,防止树势衰弱　干旱常导致浅层根系枯死,树势衰弱,因而要做好保墒工作,提高天然降水的利用率,促进根系生长,健壮树体。

B. 重施肥料,保障物质供给　肥料是产量形成的物质基础,在进入盛果期后,要加大肥料的供给,满足树体生长结果之需,防止树势衰弱,以利于高产。应重点保证三次肥料的供给,一是10月份采果后基肥的施用,保证亩施用优质农家肥在5000千克以上,草木灰在1500千克以上,过磷酸钙在500千克左右;二是萌芽前氮肥的施用,保证亩施磷酸二铵40千克加尿素20千克;三是坐果后施尿素20千克加硫酸钾20千克。

C. 加强行间秋季耕翻,以增强蓄水保墒能力　在雨季来临前,对果园进行一次耕翻,耕深15厘米左右,以增加蓄水量。

D. 疏花　山楂的花芽为混合芽,自花结实能力强,放任结果,易出现大小年结果现象，可通过疏花进行调节，疏花时注意将骨干枝头疏前留后，防止枝头下垂，以利于扩冠。辅养枝和大枝组，疏后留前，控制结果部位，防止结果部位外移，对串花枝应疏前留后，按树势留果，可隔一留一，对弱枝上的花疏除，以利于枝复壮。

E. 修剪　山楂的花芽为混合芽，其顶芽或以下的1～4个芽，都有分化为花芽的可能，因而山楂修剪时一般不用短截手法。盛果期修剪的重点措施如下。

合理疏枝，保持良好的通透性：对树体内细弱枝、病虫枝、过密枝要及时疏除，以改善树冠的通风透光条件。

回缩更新枝组：对于焦梢枝、多年的结果枝，应适当回缩，以利于复壮。对有空间的徒长枝、背上枝，可适当回缩培养枝组。

F. 防治病虫　山楂盛果期发生的主要病虫害有白粉病、花腐病、刺蛾、金龟子等，可参考幼树期进行防治。

(7) 采收　山楂一般宜在9～10月间果实皮色显露，果点明显时采收。生产中要防止因早采而影响果实产量、品质和耐贮性等现象的发生。在正常采收期前一周左右，用40％乙烯利配成百万分之六百到百万分之八百浓度的溶液重点喷布果簇，可促进脱落，提高采收工效。喷药后4～5天，可在树下铺布，然后晃动枝干采收，对果实品质及贮藏性无不良影响。药剂浓度不宜过高，喷布时期不宜过早。果实采收后，在空气畅通处堆放几天，上覆草帘，使其散热，然后包装贮运。

少量栽植的山楂可用水缸等容器贮藏，作贮藏的果实要注意适期采收，贮藏时将山楂与细沙混放，然后封口，并保持一定湿度。容器置阴凉处，保持较低的温度。贮藏期间进行1～2次检查，剔除变褐腐烂的果实。

(8) 山楂的炮制　拣净杂质，筛去核。

A. 炒山楂　取拣净的山楂，置锅内用文火炒至颜色加深，取出，放凉（图2-148）。

图 2-148　炒山楂

B. 焦山楂　取拣净的山楂，置锅内用武火炒至外面焦褐色，内部黄褐色为度，喷淋清水，取出，晒干（图 2-149）。

图 2-149　焦山楂

C. 山楂炭　取拣净的山楂，置锅内用武火炒至外面焦黑色，但须存性，喷淋清水，取出，晒干（图 2-150）。

图 2-150　山楂炭

五十六、枣栽培技术

【功能及主治】

枣为鼠李科枣属植物。大枣味甘性温、归脾胃经，有补中益气，养血安神，缓和药性的功能。大枣能使血中含氧量增强、滋养全身细胞，是一种药效缓和的强壮剂。大枣含有大量的糖类物质，主要为葡萄糖，也含有果糖、蔗糖，以及由葡萄糖和果糖组成的寡糖、阿拉伯聚糖及半乳聚糖等；并含有大量的维生素 C、维生素 B_2、维生素 B_1、胡萝卜素、烟酸等多种维生素，具有较强的补养作用，能提高人体免疫功能，增强抗病能力。大枣含多种三萜类化合物，其中白桦脂酸、山楂酸均发现有抗癌活性，对肉瘤 S-180 有抑制作用。大枣中所含有黄酮双葡萄糖苷 A 有镇静、催眠和降压作用。大枣性温，常被用于药性剧烈的药方中，以减少烈性药的副作用。

【形态特征】

枣树为落叶乔木，高可达 10 米，树冠卵形。树皮灰褐色，条裂。枝有长枝、短枝与脱落性小枝之分。长枝红褐色，呈"之"字形弯曲，光滑，有托叶刺或不明显；短枝在二年生以上的长枝上互生；脱落性小枝较纤细，无芽，簇生于短枝上，秋后与叶俱落。叶卵形至卵状长椭圆形，先端钝尖，边缘有细锯齿，基生三出脉，叶面有光泽，两面无毛。5～6 月开花，聚伞花序腋生，花小，黄绿色。果实通常呈圆形、长卵圆形（椭球及球状），某些品种的果实为心形。成熟果实的鲜重 5～50 克，直径 1～2 厘米，长 1.5～3.5 厘米，果皮薄，光滑（有光泽），成熟时为红色或暗红色（图 2-151）。枣果的白色脆肉（中果皮），味道极其鲜美、诱人。

图 2-151　红枣结果状

【生长习性】

枣树的根系由水平根、垂直根、侧根和细根组成。其根系的分布范围，常比地上部大好几倍；其水平根可长达 10 米以上，主要分布在地表以下 20～30 厘米处；水平根上易发生根蘖。

枣芽分主芽和副芽两种。枝条分三种，即枣头（发育枝）、枣股（结果母枝）和枣吊（结果枝）。

枣头，是形成枣树骨架和结果基枝的基础，多由主芽萌发形成，具有旺盛的延伸能力，生长停止后，顶部形成顶芽，翌年萌发，继续延长生长，或一年中萌发生长两次，加粗能力很强。枣树的整形主要依赖于枣头，利用枣头扩大结果面积，增加新枣股，对枣树的增产和更新提供条件。枣头二次枝（结果基枝）一般长5～10节，每节上又有主副芽。主芽当年不萌发，翌年形成枣股。所以说二次枝是着生枣股的基础，而副芽当年萌发抽生枣吊，这类枣吊一般虽能开花，但结果少，果实小，品质差。在枣头二次枝基部侧生的主芽，一般当年不萌发，呈休眠状态，或于来年形成枣股，继续发出枣吊结果。但在一定条件下，如遇刺激（如机械损伤或水肥充足）这种枣股也可萌发枣头。但树体衰弱或营养较差的条件下，也可由枣头转化为枣股。

枣股，是一种短缩性的结果母枝，绝大多数是由二次枝主芽萌发而成，以二次枝中部的枣股质量较好。

枣股的顶芽是主芽，每年延续生长，但生长量很小，仅1～2毫米。随着枣股顶芽生长，其周围的副芽抽生枣吊2～5个，以后随枣股年龄的增加，枣吊数量也增加。在正常情况下，枣股顶芽每年只萌发一次，在发芽抽生枣吊的同时，顶部又随着形成顶芽而停止生长，若营养充足，或受到灾害或短截等刺激后，还会第二次抽生枣吊开花结果，而本身再伸长1～2毫米。这些特性是枣树不同枝型功能专门化的表现，同时也是枣树高产稳产的良好性状。

枣股的结实能力，一般以着生在结果基枝（二次枝）上的枣股和向上生长的枣股结实能力强。枝龄以3～7年的枣股结实力最强，幼龄（1～2年）和老龄（10年以上）枣股结实力较差。枣股寿命一般为6～15年，与其着生部位、栽培品种和环境条件有密切关系。枣头一次枝上的枣股寿命较长，结果基枝（二次枝）上的寿命较短，但着生在结果基枝上的枣股数量多（占80%～90%），结果稳定，发枝力强。因此在综合管理的基础上，正确运用修剪技术，培养出大量健壮的结实力强的枣股，是获得枣树高产的重要途径。

枣吊，即枣的结果枝，因其柔软下垂又称为"枣吊"。枣树全靠枣吊结果，枣吊于秋季随落叶而脱掉，又称为脱落性结果枝，简称脱落性枝，是枣的枝条特点之一。

枣吊的每一叶腋间可着生3～15朵花，以中上部各节的花坐果较好，一般枣吊不具分枝能力，但在生长期枣吊因故脱落后仍能以原枣股萌发出新枣吊，具有多次萌发、多次结果的特点。

枣的花芽分化与其他果树不同，在冬前芽内不出现花的原始体，到枣吊开始萌发时在叶腋间分化花芽。因此在冬前增加枣股营养，对花芽分化是有利的。另外枣树的花芽分化是当年萌发，当年分化，多次分化，分化期短，分化速度快，持续时间长。

枣树的结果习性非常特别，它是典型的早熟性花。一般从萌发到形成花只需一周的时间，从生理角度上人们称之为"芽外分化"，即它的花的形成是在枣树萌芽之后，在枣吊加长生长的同时进行分化，即当年分化，当年开花结果。同时花的分化量较大，整个花期较其他果树长，并且有多次分化的特性。枣树除个别品种有雄性不育的情况外，一般只要营养充足，外界环境条件正常各期花朵均能坐果。枣树具极强的早果性。即当年栽植，当年就能开花并结果。枣的花朵极小，一般直径仅为 3～5 毫米，花的柱头较细。因此在花期如遇干热气候花的柱头在短时间内就会变干，从而失去生命力，以致影响正常的授粉受精，使坐果率降低。因而应注意花期调节湿度。

枣树对生活条件的要求包括以下几个方面：

（1）对温度的要求 枣树生长期间需要较高的气温，一般气温在 14～16℃，距地表 15 厘米深处地温在 13～15℃时，芽才萌发。温度上升到 17℃时，有利于展叶和抽枝，在 19～20℃时，叶腋间出现花蕾，在 22℃左右时开始开花，在 22～25℃时进入盛花期。果实发育的适温为 25～27℃，果实成熟在 18～22℃时最有利，果实成熟期间昼夜温差大，有利于营养物质积累，提高果实品质。气温下降到 15℃，枣树开始落叶，到初霜来临时落完。

土温达到 20℃以上时，枣树根系开始生长，22～25℃时根系生长最快，土温降到 21℃时根系生长减缓，20℃以下则停止生长。

枣树生长期间，温度低时，生长发育就会受到抑制，造成减产。

（2）对光照的要求 枣树喜光，充足的光照有利于树体生长和结果，树冠郁闭，易出现结果部位表面化现象，内膛枝会枯死。

（3）对水分的要求 枣树抗旱耐涝，在年降水量 500～1000 毫米的地区都可见枣树分布，枣树生长期需要充足的水分，水分不足，则影响根系的生长和果实的发育，不利于产量和质量提高，但花期和果实成熟期雨水过多，不利于坐果，易发生裂果现象，也不利于产量和品质的提高。花期干旱、空气湿度小，不利于花粉发芽和花粉管的生长，影响授粉受精，易加重落花落果，不利于坐果。枣树耐涝，短时间的积水不会影响树体的生长和结果，较长时间的涝害，即使落叶，也不会造成树体死亡。

（4）对土壤的要求 枣树适应性广，抗逆性强，尤其是对土壤盐分的耐力很强，是其他果树没法比的，但在土层深厚、土质肥沃的土壤上生长健壮，产量高，所结果实品质好，树体寿命长。

【栽培要点】

(1) 品种选择　枣树栽培品种较多，由于各品种特性不同，其适应性、丰产性和用途各异，药用栽植时应发展果皮厚，含糖量高，含水量低，干制率高的品种，如金丝小枣、躺枣、马枣、无核小枣、灰枣、长红枣、木枣、临泽小枣、郎枣、团枣、相枣、义乌大枣等。

(2) 适当密栽　枣树喜光，但栽植过稀，早期枝量少，光合产物积累不足，产量难以提高，因而在栽植时应注意适当密植，一般可采用 2 米×3 米的株行距定植。以后随着生长，树冠扩大，逐渐间伐，以利于早期产量提高。

(3) 疏松土壤　在栽植前土壤一定要深翻，最好挖 1 米×1 米的坑，以优化根系生长的条件，促进根系生长，以利于形成强大的根群，扩大营养的吸收范围。在生长季应及时中耕松土，增加土壤保墒性和土壤中空气含量，以促进细根生长，增强植株的吸收功能，每年春夏秋季应各耕翻 1 次。枣树中耕宜浅，以防造成大量伤根，影响生长。

(4) 加强肥水管理　肥水是枣高产优质的物质基础，生产中应足量供给，一般每生产 1000 千克鲜枣需吸收纯氮、磷、钾约为 15 千克、10 千克、5 千克，生产中应据产量确定施肥量的大小，由于枣极丰产，对土壤养分消耗大，应及时补充，以保证树体健壮生长，提高生产能力。一般应在花期、幼果期、果实发育后期各施 1 次追肥，基肥应以有机肥为主，每年每株施肥量在 6 千克以上，追肥应以速效性的磷酸二铵为主，按树大小、产量高低确定施用量。

枣树的生长发育，要求较高的土壤湿度，特别在发芽前，如果土壤墒情好，则萌芽整齐，枝叶繁茂；盛花期土壤水分充足，则可减轻落花落果，如有浇水条件，应保证在这两个时期各浇 1 次水，以形成良好的土壤墒情。但由于枣树细根生长有好气性，浇水时应注意要适量，防止积水导致土壤缺氧，细根受损，从而使树体各器官的生长受阻，造成落花落果，出现减产。在果实成熟期，要严格控制水分的供给，降雨后要及时排涝，以降低枣果中水分含量，防止烂果，以利于干制。

(5) 保花保果

A. 加强花期肥水供给，补充营养，减少落花落果。

B. 由于枣花期花粉发芽对空气湿度要求较高，如果花期干旱高温，应注意在园内喷水，以增大空气湿度，促进花粉发芽，授粉受精，以利于坐果。

C. 对于生长旺、树龄在 10 年以上的枣树，可在全树有 30% 左右的花蕾开放时，在茎干距地面 30 厘米以上处环割 0.4～0.5 厘米，以阻止光合产物下运，调节树体养分分配，提高坐果率。

D. 在花期喷 10～15 毫克/千克的赤霉素、5～10 毫克/千克的 2,4-滴、0.2%～0.3% 的硼砂或硼酸，均有利于提高坐果率。

E. 花期园内放蜂，可提高授粉受精率，有利于坐果。

（6）整形修剪

A. 树形培养　枣树生产中适宜的树形较多，栽植密度不同，所采用的树形是不一样的，一般在密植情况下可选用纺锤形或双主枝开心形。纺锤形一般树高控制在 3～3.5 米，定干高度 80～100 厘米，在中心干上螺旋均匀分布 10～22 个小主枝，小主枝间距 20 厘米左右，小主枝以 80 度左右的角度延伸。双主枝开心形树高控制在 2.5～3 米之间，定干高度 50～80 厘米，双主枝呈 50 度左右的角度延伸。这两种树形均层次分明，树冠内通风透光良好，树冠大小适宜，有利于丰产稳产。一般亩栽 85 株以下时采用纺锤形，栽 85～111 株时采用双主枝开心形。

枣树定植后，应在树干直径达 3 厘米左右时，按所培养树形在相应位置定干，定干后的第 1 年，从整形带开始选留枝，纺锤形整枝时选留一个生长直立、强壮的枝作中央领导干，在其下选取留 3～4 个小主枝，其余枝疏除。定干后的第 2 年，作中心延长枝用的枣头，在第 1 次分枝上 80～120 厘米处短截，在剪口下留 4～6 个二次枝，粗度在 1.5 厘米以上，可留基部 1～2 个枣股短截，利用枣股上的主芽萌生培养主枝，如二次枝细弱，粗度在 1.5 厘米以下时，可从基部疏除，利用主干上的主芽萌生培养主枝。定干后第 3 年中心干延长枝剪留 40～60 厘米，剪口下留 2～3 个二次枝，二次枝处理同前一年，这样在定干后经过 4 年即可培养成形。

枣树纺锤形整枝时，要注意扶持中心干的长势，保持中心干有绝对的生长优势，如遇主枝头生长过快、延伸得过长时，可将强的枣头适时短截或摘心，抑制生长，防止内膛空虚。

双主枝开心形整形时，定干后在剪口下选留两个方向较好（与行向成垂直方向）的发育枝作主枝，主枝保持 50 度延伸，每个主枝的侧外方着生 1～2 个侧枝，结果枝均匀着生在主枝周围，培养主侧枝时，二次枝处理方法同纺锤形。

B. 幼树期要注意增枝，促使早成花结果　枣树成枝力弱，枝条稀疏，不利于光合产物的形成和积累，树冠形成时间长，前期产量上升缓慢，因而增加枝量是幼树期修剪的中心任务，栽植后要早定干，促使早发枝，对于骨干枝上萌发的 1～2 年生发育枝，据空间大小对二次枝短截，培养成中小结果枝组。在缺枝部位应于发芽前进行刻芽，于芽上方 0.1～1 厘米处，横刻一刀，深达枝粗的 1/3～1/2，刺激主芽萌发成枝，占据空间。对于生长较旺的枝梢，在新梢长 30 厘米时摘心，抑制生长，促使形成健壮枝，尽量少疏枝，应多留枝，促进树冠形成。对于计划培养为骨干枝和大型结果枝组的发育枝全部剪除顶芽，开花前对萌发的发育枝进行摘心，以促进花芽分化和开花结果。多余无用芽在萌芽后应及时抹除；生长过旺的植株和枝，在花期环割，以提高坐果率。

C. 盛果期修剪　主要以稳定产量，增强树势，提高果实品质为目的。枣树枝组稳定，生长量小，结果枝连续结果能力强，修剪时应注意疏除轮生枝、交叉枝、重叠枝、并生枝、徒长枝及过密的主侧枝，保证树体有良好的通透性，提高叶片的光合效能。对于枝头细长、下垂，逐渐衰老干枯，内膛显著变弱，结果能力下降的枣股，应及时回缩至后部分枝处，集中养分供给，促使所留枝健壮生长，提高结实能力；剪口下遇二次枝时，可将二次枝从基部剪掉，促其萌发新枣头，维持树体枝势；对于3年生以上的枣头，不用作延伸枝时，应及时短截，培养结果枝组，经常对骨干枝萌生的1～2年生发育枝进行短截，以培养健壮结果枝组，保持壮枝结果，提高结实能力；对于结果枝组衰弱，二次枝大量死亡，骨干枝出现光秃，枣吊细弱，产量下降的树体，要进行重回缩，利用潜伏芽寿命长的特点，促其萌发成枝，提高产量。

(7) 病虫防治　由于各病虫发生的时期不同，只有抓住关键时期用药，才能提高防治效果，像枣叶壁虱以成虫或若虫在枣股芽鳞内越冬，可在发芽展叶后相隔半月连续喷2次0.3～0.5波美度石硫合剂或2.5%高效氯氰菊酯防治；枣尺蠖在4月下旬幼虫孵化期喷2.5%溴氰菊酯5000倍液防治；枣黏虫于枣芽长3厘米、枣芽长5～8厘米时分别喷一次2000倍液25%灭幼脲悬浮剂，50%辛硫磷1500倍液防治；桃小食心虫于7月上中旬和8月下旬，当卵果率达1%时，喷500～1000倍液Bt杀虫剂，在成虫产卵初期、幼虫蛀果前喷6000～8000倍液20%杀铃脲悬浮剂防治；刺蛾类可在幼虫发生期喷1000倍液Bt杀虫剂或50%百虫丹1000～1500防治；枣龟甲蜡介壳虫可在休眠期喷10%的柴油乳剂或8～10倍液的松脂合剂，在若虫孵化期喷1～2波美度石硫合剂防治；枣粉蚧在6月上旬喷1～2波美度石硫合剂防治；枣瘿蚊在5月上中旬和5月下旬喷50%百虫丹1000～1500倍液防治；在花期和幼果期喷25%杀虫双水剂800倍液防治枣桃小食心虫；在4～7月份食芽象甲成虫大发生时喷50%百虫丹1000倍液防治；在7月上中旬喷20%三唑酮（粉锈宁）乳油2000～3000倍液或12.5%烯唑醇（特谱唑）1500～2000倍液防治枣锈病。

(8) 采收加工　由于枣花期长，果实成熟期极不一致，枣果采收时尽可能地采用分期分批采收的方法，分3～4次采摘，以提高产量和质量。

枣果在采摘时最好采用人工采摘法，以减少破损及污染。果实大多脆嫩，采摘不当极易造成碰压伤，导致霉烂，应杜绝长竿击枝和用手晃枝采摘。

药用枣以干制为主，可晒制干枣，以增强贮藏性。晒制时可直接晒制，也可在晒制前对果实进行烫漂或发汗处理，以加快干制速度。直接晒制时，将枣果摊在清扫干净的水泥地板上或苇席上，进行曝晒。烫漂处理时，将枣果在沸水中烫5～10分钟，在枣果柔软而果皮未皱缩时捞出，然后摊晒。发汗处理时，在锅内垫上麦草，将枣果放在麦草上，锅下加热，利用高温促进枣果水分散发，发汗处理时火候掌握很关键，要文火慢烤。经处理后的枣果在晒制过程中要薄摊勤翻，晚上收堆苫盖，次日日出后揭苫再晒，经15～20天即可晒成。

成品大枣要求果肉肥厚，大小均匀，无不成熟果，无病虫果，皱皮果少于5％，裂缝果少于5％，水分含量在21％以下（图2-152）。

图2-152　干制大枣

五十七、三叶木通栽培技术

【功能及主治】

三叶木通是木通科木通属植物，以干燥藤茎入药。有利尿通淋，清心火，通经下乳的功效。可用来治淋证水肿、口舌生疮、经闭乳少等症。

【形态特征】

三叶木通是落叶木质藤本植物，多年生枝蔓灰黑色，皮孔明显，椭圆形；一年生枝蔓灰色，被蜡层，每节有3个芽体，中间为主芽，较大，两侧为副芽，较小。新梢有短缩枝和非短缩枝，非短缩枝有枯顶现象，故无顶芽。在非短缩枝中上部，叶互生，在非短缩枝基部和短缩枝上叶簇生，叶幕主要由簇生叶构成。以完全花序为主，其上部有20～50朵小雄花，下部有1～2朵大雌花。单花无花瓣，萼片花瓣状、紫红色。雌花的雌蕊由3～6枚离生心皮组成，子房筒状，上无花柱，柱头头状，柱头沟明显，侧膜胎座，胚珠多个，子房基部有退化雄蕊6枚，离生，围成圆形，中心有3～4枚退化雄蕊，常有败育现象。果实为长圆形浆果，紫红或黄褐色，长8.5厘米，宽6.2厘米，单果重98克，果肉占果重的25%，种子黑色或棕色，扁圆形，胚小，直生（图2-153）。

图2-153　三叶木通结果状

【生长习性】

在西北地区一般在3月中旬开始萌芽，在3月下旬～5月上旬开花，花期长达两个月。叶幕形成在4月底～5月初，非短缩枝的加长速长期在4月中下旬～5月上旬，6月上中旬停长。幼果速长期在5月下旬，果实成熟期在9～10月时，果皮沿腹线开裂，乳白色果肉外露，仅背缝线处果肉与果皮相连。花芽为混合芽，常着生在缩短枝顶端或1年生枝蔓的2～13芽处，顶花芽分化期在5月份，腋花芽分化期在7月份，以顶花芽结果为主。

三叶木通喜阴湿，较耐寒。常生长在低海拔山坡林下草丛中。在微酸、多腐殖质的黄壤中生长良好，也能适应中性土壤。

【栽培要点】

（1）苗木的繁殖　三叶木通可采用分根、压条、播种和扦插的方法获得苗木。其中分根在早春萌芽前进行，压条在9～10月份进行，选1～2年生枝蔓埋入土中，1个月后即可生根，播种繁殖时可在果实开裂时采收种子，洗净，及时秋播。扦插一般在春季土壤解冻后进行。

（2）幼苗期管理　三叶木通茎蔓柔软多姿，在幼苗期应搭架绑蔓，以促进幼苗生长。

（3）肥水管理　三叶木通开花、叶幕形成、新梢生长同时进行，花后又为幼果速长期，需要消耗大量营养，故花前应施足肥水。在果实膨大期，花芽开始分化，增施磷钾肥，可促进果实成熟，有利于成花。

（4）提高坐果率 在花药开裂时花粉生活力最高，此期要加强异花授粉，同时在花期要稍加遮光，防雨淋，以提高坐果率。

（5）修剪 要以疏剪为主，由于结果枝以顶花芽结果为主，应尽量少短截或不短截短缩枝。

（6）采收 果实开裂后，不易采收、贮运（图2-154），因而最好在未裂或微裂时采收。

图 2-154　成熟开裂的果实

9月采收，截取茎部，刮去外皮，阴干，切片。白木通的干燥木质茎呈圆柱形而弯曲，长30～60厘米，直径1.2～2厘米。表面灰褐色，外皮极粗糙而有许多不规则裂纹，节不明显，仅可见侧枝断痕。质坚硬，难折断，断面显纤维性，皮部较厚，黄褐色，木质部黄白色，密布细孔洞的导管，夹有灰黄色放射状花纹。中央具小型的髓。气微弱，味苦而涩。以条匀、内色黄者为佳（图2-155）。

五十八、槐栽培技术

【功能及主治】

槐米为豆科植物槐的干燥花蕾，槐米富含芸香苷，具有维持及恢复毛细血管、抗炎、抗病毒、抗氧化等药理作用，是防治心脑血管疾病药物的主要成分，

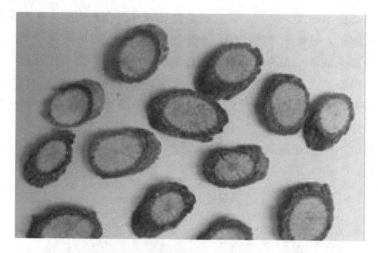

图 2-155　成品三叶木通切片

有凉血止血、清热泻火、消肿止痛之功能。可治各种出血、降血压。另外槐花、槐角、槐叶、槐枝均有药用效果。其干燥成熟果实称槐角，有润肠通便、止血凉血的功能。

【形态特征】

落叶乔木，高可达 25 米。树干直立，皮灰色，细枝绿色，皮孔明显。羽状复叶互生，小叶 9～15 枚，卵形至卵状披针形，先端尖或渐尖，基部阔楔形，背面灰白色，疏被短茸毛。圆锥花序顶生，花萼钟形，花冠蝶形，浅黄色或乳白色。荚果肉质，成连珠状，长 2.5～6 厘米，不裂，种子 1～6 枚，肾形。花期7～9 月，果期 9～10 月（图 2-156）。

图 2-156　槐树开花状

　60 种常用中药材栽培技术

【生长习性】

槐多生于温带，喜干燥冷凉的气候条件，具有喜光、喜肥、耐寒、抗风、抗污染特性。对土壤要求不甚严格，但以湿润、肥沃、排水良好的中性沙壤土为好。种子一般经催芽后播种，1周左右萌发，贮藏5个月后发芽率为40%。在北方，槐树3月下旬芽膨大，4月中旬芽开裂，4月下旬展叶，5月中旬为生长盛期，6~7月吐蕾，7~8月为花盛期，8~9月坐果，9~10月为果熟期，10月落叶形成越冬芽，进入休眠期，果实经冬不落，成熟过程中，荚果成节状脱落。幼树生长较快，以后中速生长。树姿开张，一年结一次槐米，结米早，无大小年产米状况，栽植当年部分植株结米，第二年结米株率达100%。

【栽培要点】

(1) 选地、整地 选择向阳、肥沃、疏松、排水良好的壤土地块。深翻60厘米，整平耙细，作畦，畦宽70厘米，施足底肥，每亩用腐熟有机肥500千克或尿素5千克，农家肥3000~4000千克撒于畦面。

(2) 繁殖方法 可采用播种繁殖，也可用根蘖进行分株繁殖。其中以播种育苗为主，播种育苗要点如下：

A. 种子处理 选成熟、饱满的种子先用50~55℃温水烫种7~10分钟，然后用25~28℃温水浸种24小时，捞出后掺2~3倍细沙，拌匀，堆放室内，催芽时注意经常翻倒调节上下温度一致，以使发芽整齐，一般需7~10天，待种子裂口25%~30%时即可播种。

B. 育苗 于春、秋季条播或穴播，条播法播幅10~15厘米，覆土2~3厘米，播后镇压，每亩用种量10~15千克；穴播法按穴距10~15厘米播种，每亩用种量4~5千克。

当幼苗出齐后，进行2~3次间苗，播种当年按10~15厘米定苗，5~6月份追施适量的硫酸钾或稀释的人粪尿，7~8月间注意除草、松土。每亩育苗圃场使用25%除草醚0.75千克，施用时除草剂中掺混适量的湿润细土，然后撒到幼苗四周，应用化学除草剂，效果好，节省劳力。

C. 假植移栽 在北方，秋末落叶后，土壤冻结前起苗，假植越冬。挖假植沟，沟宽1~1.2米，深60~70厘米。翌春按株行距60厘米×40厘米栽植，栽后浇水。用根蘖繁殖时，可挖取成龄树的根蘖苗，按株行距1.8米×1.3米开穴，每穴1株，一般4~5年可成株。

(3) 建园 选择米穗大且紧凑，槐米整齐饱满，颜色纯正，丰产性能突出，芸香苷含量高的槐米3号等优良品种，在春季土壤解冻后或秋季10月中下旬至11月上中旬，按照株距2~3米，行距4~5米的标准，挖坑栽植。

栽后做好树盘，有浇水条件的立即浇水，水渗后覆少量干土，最后每穴覆盖塑料薄膜 1 平方米进行保墒，提高成活率。春季栽植的栽后立即定干，秋天栽植的第二年春季进行定干，定干高度在 60 厘米左右。定干后用油漆或愈合剂封闭剪口，防止失水。

（4）栽后管理

A. 土肥水管理　土壤管理是槐米丰产栽培的基础，尤其是生长在瘠薄山地的槐树，每年必须耕翻 3～4 次，以疏松活化土壤，提高保水、保肥能力，提高槐米产量。

槐树树势不可过旺，不宜大肥大水供给，每年施基肥和追肥两次即可，基肥在秋季施用，以农家肥为主，按树大小株施 5～20 千克土杂肥或复合肥 0.2～1 千克。追肥在槐米采收后施用，以磷酸二铵为主，按树大小株施 0.2～2 千克，有浇水条件的地方在施肥后浇水，以促进肥效发挥，没有浇水条件的地方，应在雨后趁墒施用，以利于充分发挥肥效。

B. 整形修剪　槐树定植后 1～3 年，主要做好树体整形工作。槐树产槐米时通常采用小冠疏散分层形或多主枝开心形。小冠疏散分层形树体有中心干，其上着生 5 个主枝，分 2 层排列，层间距保持在 1.5 米左右，第 1 层留 3 个主枝，每个主枝上选留 3 个左右的侧枝，第 2 层留 2 个主枝，每个主枝上留 2 个侧枝，树高控制在 3.5 米左右。修剪以冬季修剪为主，以短截、疏枝为主。

（5）病虫害防治　槐树生长中易受溃疡病、槐尺蠖、蚜虫危害，生产中应加强防治，以利于产量提高。

A. 溃疡病　多在幼苗期或移栽后，遇干旱时发生，危害枝干。防治方法：加强管理，施足水肥，增强抗病能力；用石灰∶硫黄∶食盐∶水按 5∶1.5∶2∶36 混匀，涂在树干上；对严重病苗，要及时截干，重新养干。

B. 槐尺蠖　危害叶片，多发生在叶繁茂期。防治方法：在槐尺蠖危害期用溴氰菊酯 1000 倍液或 48％毒死蜱 1000～2000 倍液进行喷洒。

C. 蚜虫　一般在春末夏初发生，危害嫩梢、嫩叶及花蕾，7～8 月为危害盛期。防治方法：用 2.5％溴氰菊酯乳油 3000～5000 倍液或 10％吡虫啉 2000 倍液喷洒。

（6）采收加工　春夏之交或夏初，花蕾形成未开时采收，采收时用高杆捆钩将花枝钩下，及时干燥，除去枝、梗和杂质，即得药用的槐米。

加工干燥后的槐米呈卵形或椭圆形，长 2～6 毫米，直径约 2 毫米。如遇阴雨天，可烘干或炕干，烘时温度约 40℃。

成品以花蕾整齐、未开、质轻、色淡、色绿黄、无梗枝、无残叶、无杂质为佳（图 2-157）。

秋后果实成熟，采收后除去杂质，加工干燥，即为槐角。

图 2-157　成品槐米

五十九、银杏栽培技术

【功能及主治】

银杏又叫白果、公孙树,是我国特有的树种,属于银杏科银杏属,仅此一种。它有非常强的适应能力和抗逆性,寿命可长达数千年。其全身都是宝,药食兼用,用作中药,有止咳润肺功效,主治咳喘。

银杏食用器官是种子而不是果实,而且它的种子很特殊,有肉质的外种皮、骨质的中种皮和膜质的内种皮。去除软烂而带恶臭的外种皮之后,便是果核状的种核,商品叫作"白果"。可食部分为胚乳,里面包藏着一个淡绿色的胚。胚乳的主要成分是淀粉,少量的蛋白质和糖,还有一些其他微量元素。近年来银杏叶的开发已成为新热点,国内外已相继研究开发出 20 多种银杏叶制剂,银杏的经济价值大幅提升。

【形态特征】

银杏为银杏科落叶乔木,植株高达 40 米。雌雄异株,雄性枝条斜展,雌性枝条开展,枝分长枝和短枝。叶在长枝上螺旋状散生,在短枝上呈簇生状;叶片扇形,上部呈波状,有长柄。球花单性,雄球花呈柔荑状,花生于短枝端,每枝生 2～3 花。种子核果状,倒卵形或椭圆形,熟时黄色如杏。花期 4～5 月,种期9～10 月。

【生长习性】

银杏为雌雄异株，雄花在植物学上称为"小孢子叶球"或"雄果球"，一个柔荑花序状脱落单位便是"一朵"雄花，是一个有主梗和支梗的雄蕊群。花粉多，飘散能力强，是典型的风媒花类型。雌花集生于短枝顶部叶腋，每朵有柄雌花，仅是二至多个裸生的胚珠，所以属于裸子植物。没有包被胚珠的子房，更没有花柱、柱头。珠孔口一经开放可直接授粉。胚珠的珠孔口开放，并溢出液体时，为雌花"盛开"，也是最适授粉期。

银杏的树冠由长枝和短枝构成，长枝长树，短枝开花结实。雄短枝花芽较圆钝，雌短枝花芽反而较尖瘦，这与常见果树也不同。雌雄短枝每年都有微量延伸，呈莲座叶丛状，一旦成功开花授粉，结实很有保障，而且结实部位不易外移，树冠内膛不易光秃，是典型的短枝型果树。银杏的长枝和短枝可相互转化，新发长枝的侧芽来年可全部萌发，形成短枝，短枝寿命可达 20 年，部分多年生短枝顶芽也可抽生长枝（图 2-158）。

图 2-158　银杏植株生长情况

【栽培要点】

（1）选择良种种植　银杏的寿命很长，栽植时一定要注意选择良种种植，以提高经营效益。以用种、叶为栽培目的的，宜选择大种型（平均单核重应在 3 克以上）、核仁洁白、糯性强、香味浓、出核率（每百千克带肉质外种皮的银杏能出白果的百分比）和出仁率高的品种，一般出核率低的在19%以下，达到25%的为出核率高的，最高可达到29%。目前生产中表现好的品种有：大金坠银杏、长糯白果、圆白果、佛手银杏、马铃银杏、大白果、大果银杏、红安王等。

(2) 银杏苗木的繁殖 银杏繁殖容易，播种、分株、扦插、嫁接皆可用。银杏实生苗进入结果期迟，一般需20年左右才能开始结果，40年左右才进入盛果期，收益慢，而嫁接苗5年即开始结果，10年左右进入盛果期，盛果期可长达千年。因而嫁接苗可提早结果，嫁接是银杏早实丰产的重要技术措施。生产中应以嫁接苗建园为主，嫁接苗最好自繁自育，嫁接苗繁育要点如下。

A. 播种育苗 银杏播种育苗具有出苗早、出苗齐、感病少、成苗多且简单易行的优点。具体方法如下：育苗用的白果宜在授粉比较充分的产地或园片上采集，越冬时可用湿润的沙子层积保存，通过温床催芽，一般在每年的3月中旬播种，亩播种量100千克左右，亩成苗5万～7万株。

a. 种子处理 银杏种子在播种前要进行催芽处理，一般采用窖内催芽法，选择背风向阳、排水良好的地方挖窖，窖深30厘米，宽1.2米，长度以种子量多少而定。将沙藏的种子筛去沙子进行浸种，结合浸种漂去浮种，拣去破损种子，浸种时间超过24小时时，注意换水。催芽时在窖底部摊5～10厘米厚沙子，然后一层种子一层沙，沙层厚度2厘米左右，这样堆高15～20厘米，最上面覆一层2～4厘米厚的湿沙，最后距窖口5～6厘米，上面盖薄膜即可。

催芽时注意，前15～20天，每3～5天翻一次，以后2～3天拣种一次；保持湿度，干燥的情况下可在上午9～10时加水，所加水的水温保持在30℃左右；窖内温度控制在25～30℃之间。

b. 苗床准备 选择地势高燥、通风向阳、排灌良好的酸性或中性沙壤土地块作为苗床。对选好的地块，一般秋季进行耕翻，结合耕翻亩施入充分腐熟的农家肥3000～4000千克，氮磷钾三元复合肥100千克，辛硫磷颗粒2.5千克。春季播种前将地整修成宽1.2～1.5米，高15～20厘米的畦，畦面平整。

c. 播种 一般采用点播法，按20厘米行距的标准，在畦面开浅沟，按株距5～8厘米的标准点播，播种时种子平放，上覆土2～3厘米。

d. 苗期管理 在苗期应注意及时追肥除草。

追肥：在6月上旬，进行第1次追肥，每亩施尿素7.5千克左右，在7～8月视苗木生长情况再追肥1～2次，每次施尿素10千克左右，以促进幼苗生长。

除草：在幼苗生长期，田间杂草易与幼苗形成争肥争水争空间的矛盾，影响幼苗生长，要及时清除杂草，以保证幼苗健壮生长。

B. 嫁接育苗 银杏嫁接苗具有进入结果期早、产量高的特点。嫁接时一般以普通银杏为砧木，嫁接优良品种，嫁接方法较多，最主要的方法是夏季采用

"T"字形芽接，春季采用双舌接或插皮舌接。其中春季是嫁接的主要季节，从发芽前5天到展叶期嫁接成活率高，生产中可根据实际情况灵活应用。

a. 双舌接或插皮舌接　目前生产上大量使用的是3年生以上砧木的大苗嫁接，在砧木高50～60厘米时进行嫁接，高接时可在砧木树龄3～4年时嫁接，接穗在母树发芽前10～20天采集，采集到的接穗要及时进行蜡封处理，防止失水，影响成活。嫁接时接穗的舌面长度不能少于3～4厘米，削面在下芽的一侧，插时露白2毫米，以利于愈合牢固，下芽靠砧木一侧，待愈合、接穗发枝后，枝条基部很快就和砧木长在一起，便于养分输送，树体生长。

b. "T"字形芽接　在商品价值高的优良植株上选取生长健壮、无病虫害的枝条作接穗，接穗一般结合冬剪采集，将采集到的接穗按50枝一捆进行捆扎，埋藏于背阴处的湿沙中。在春季银杏砧木离皮时进行嫁接，一般在砧木萌芽展叶时开始，可一直嫁接到接穗芽萌动后，嫁接时接芽选用充实饱满芽，要求芽片上带有护芽肉。在砧木上选取光滑部位切一个"T"字形切口，横切宽1厘米，竖切长约1.2厘米，以切断砧木韧皮部为度，插入盾状接穗芽片后绑缚。绑时先从芽的上端起逐渐往下，缠三四圈即可，绑缚一定要紧、要严。

接后10～15天内检查是否成活，对没有成活的要及时进行补接，在接芽或接穗成活后，及时抹除砧木上的萌芽。

(3) 合理密植　为了提高前期产量，银杏生产中可采用过度密植的方法建园。可采用2米×3米、2.5米×3米、2.5米×4米等形式栽植，每亩分别栽111株、88株、66株，以后随着树冠逐渐长大，产量上升，逐年分步疏移，最后改造成每亩33株或22株。

(4) 合理授粉　银杏雌雄异株，雄花花粉量大，有少量的雄株即可解决授粉问题，栽植时注意配置栽植总株数2%左右的雄株，以保证能良好授粉，为将来产量的提高打好基础。一般同龄银杏树苗，雌株比雄株矮小，而茎干比雄株粗壮，雌株相对的落叶早、发芽晚、横枝较多；雌株叶片比雄株小，叶缘的锯齿缺刻浅，叶柄横切面维管束周围存在空隙，而雄株则无；雌株的主枝常横生，与主干夹角大，向四方横展，甚至下垂，长势较弱，而雄株挺拔向上，主枝与主干夹角小；雌株形成树冠时间早，枝条分布杂乱，下部大枝较多，树冠多呈卵形，雄株树冠形成时间晚，枝条分布均匀，层次清楚，树冠多呈塔形；雌株花芽瘦而稍尖，长在花梗顶端，一般两朵花，外形如火柴梗，雄花芽大而饱满，外形似桑葚，生产中可根据上述特征进行区分，配置授粉雄株。进入结果期的银杏树，在授粉树少或花期气候不良的情况下，要进行人工授粉，以提高坐果率。一般在4月下旬，雄花序由绿变黄时，采集花粉或花枝，将采到的花枝在室温下阴干，收集花粉，将收集到的花粉装入纱布袋中，挂在竹竿上，站在上风头，用手轻轻拍打纱布进行授粉。也可将1份花粉、250份水、50份砂糖、5份硼酸配成花粉液，于晴天上午 10 时至下午 4 时，用高压喷雾器喷雌花序，以完成授粉。

（5）加强土肥水管理　土壤是银杏生长的载体，肥水是银杏产量形成的物质基础，在生产中应加强管理，以形成疏松肥沃的土壤结构，保证植株健壮生长，提高结实能力。栽植前要深翻土壤，结合深翻，每亩施优质农家肥 4000～5000千克，尿素 5～10 千克，过磷酸钙 20～40 千克，栽植后每年据树大小可于春、夏、秋季雨后，分别趁墒施用肥料，以补充营养，满足树体生长结果之需，在施肥时注意在年生长周期的前期应以氮肥为主，中后期以磷钾肥为主，如使用复合肥，前期应以高氮复合肥为主，中后期以高磷复合肥为主，施肥量按树大小而定，在树冠外缘挖沟施入。

结合施肥每年在杂草旺盛生长期除草 5～6 次，以疏松土壤，提高保墒能力。

（6）植株调整　由于银杏性状独特，结果稳定，树体调节相对较简单。目前生产中应用的主要树形有主干多层形、开心形和自然圆头形。通常定干高度50～60 厘米，培养 3～4 个主枝，每主枝留 3～4 个侧枝。冬季修剪时主要疏除过密枝，调整好树体的通风透光性，形成紧凑、丰产、稳产的树冠；在 6～7月份通过拉枝等手段缓和枝的长势，以促进成花。对过旺枝或过旺树可采用环割或环切的方法，控制营养生长，8 月份对不能适期停长的枝条进行摘心，以提高木质化程度。

（7）叶片黄化的防治　银杏抗病性强，没有严重发生的病虫害，生产中的病害以黄化病发生较普遍，发生黄化病会影响第二年的产量，要加强防治。

银杏发生黄化病的原因较复杂，一般积水、缺锌、叶枯病都可导致黄化病发生，通常根系在连续 10 天积水 15 厘米深时，会引起黄化落叶和烂根，严重时整株死亡；当银杏叶片中含锌量低于 15 毫克/千克时，就出现缺素黄化现象，这种黄化一般从 6 月上旬开始发生，先在叶片边缘开始失绿呈浅黄色，有光亮。以后逐渐向叶基扩展，严重时一半叶片黄化，7～8 月病斑迅速扩大，颜色逐步转为褐色、灰色，呈枯死状。叶枯病发生时在叶面产生大小不等的枯斑，严重时叶黄脱落。一般从 6 月开始发病，8～9 月为发病高峰期，10 月份以后逐渐停止。

当田间出现黄化现象后，要认真观察，对症施治，以提高防治效果。对于积水引起的黄化，要在雨后加强排水，防止田间积水，以减轻危害；对于缺锌引起的黄化，可于每年春季土壤解冻后按树大小每株施 80～1500 克的硫酸锌，生长季每隔 10 天左右喷一次 70%代森锰锌 500～600 倍液或 400 毫克/千克的钛微肥加 0.3%的光合微肥，连喷三次，以控制危害；对于叶枯病引起的黄化现象，可在发病初期，喷 70%甲基硫菌灵可湿性粉剂 800 倍液或 50%多菌灵可湿性粉剂600 倍液防治。

（8）采收、加工及贮藏　银杏的叶片中含有黄酮类化合物，这类物质对心脑血管有舒张作用，因而银杏叶也有此疗效，银杏叶的粗制品可达干叶重的

1%～3%，其售价比较昂贵，因而出售银杏叶所得收入是银杏生产中的一种主要收入来源。银杏以叶片和种核作为主要收获物，采收时应根据不同的收获物，确定适宜的采收时间。

银杏种核一般在9月下旬成熟，成熟的种核外种皮由青色变为黄色或橙色；外种皮表面覆盖一层薄的白色"果粉"，用手捏外种皮有松软的感觉；中种皮已完全骨质化，则表明已成熟，可用竹竿打落收集。

采集后的种核要及时脱皮，将收集的种核堆在坚硬的平坦场地，堆厚30厘米左右，堆上盖湿草，2～3天后外种皮会逐渐腐烂。然后用脚踩或手搓、木棒轻击使外种皮和中种皮脱离，将脱皮后的种核放入清水中冲洗，边搅拌边把上边的各种杂质取出，经过多次搅拌、冲洗，即可得到干净的银杏种核。为了使种核表面洁白并具有光泽，生产中对种核进行漂白处理，漂白处理目前有两种方法，一是漂白粉处理法，一般将一定量的漂白粉先用10倍的温水化开，再用100倍水稀释，1千克漂白粉可漂白100千克种核。漂白时将种核倒入漂白粉液中，边浸泡边搅拌，5～6分钟后，当骨质的中种皮变为白色时捞出，连续用清水冲洗几次，至表面无药迹、无药味为止。漂白后应及时将其摊放在室内或室外阴干。二是硫黄熏蒸法，把冲洗干净而带水的种核摊放在席上晾干，放入缸中，放至容器容积的2/3，然后在缸中种核中间点燃一酒杯硫黄，并封口，熏蒸30～40分钟，打开封口，此时银杏骨质中种皮既洁白又有光泽（图2-159）。

图 2-159　银杏种核

脱皮、漂白后的银杏种子称为白果，白果需在低温、低湿、密闭的条件下，进行特殊的贮藏才能避免发霉变质和硬化失水，失去生命力。生产中常用的贮藏方法主要有以下几种。

沙藏法：选择阴凉的室内，按1份种子、2份湿沙的比例将白果混沙贮藏，堆厚控制在60厘米以内，经常检查湿度，以手握时感到湿润为宜。此法可贮藏3～5个月。

水贮藏：将白果全部浸入水缸或水池中，经常换水，可贮藏 4～5 个月。

冷藏法：将种核装入麻袋内，放入冷库，温度控制在 1～3℃之间，每半月酌情喷洒一次水，可贮藏 5～6 个月。

袋贮法：将白果装入厚为 0.05 毫米的塑料袋内，每袋装的量控制在 20 千克以内，放入温度低于 5℃的冷室内，可贮藏 5～6 个月。

一般银杏叶宜从 10 月上中旬至 11 月上旬分期采收，先摘树冠内部、下层枝条上的老叶，每次采摘短枝的 1/3 叶片，最后一次在银杏叶即将变黄时（图 2-160）一次性采完，也可在落叶后收集（图 2-161）。采集的银杏叶要及时晒干，防止发热生霉。

图 2-160　变黄的银杏叶

图 2-161　自然脱落的银杏叶

(9) 银杏采后管理 银杏采后管理对银杏树体安全越冬、第二年的产量均有较大的影响，因而要加强采后管理，一般在银杏采收后管理时应重点抓好以下措施的落实：

A. 施用基肥 银杏基肥施用时应以有机肥为主，配合施用磷钾等迟效性肥料，一般结果树按树大小亩施优质农家肥 3000～4000 千克，三元复合肥 150～200 千克，通常在采前 5～10 天，在树冠外围开宽 30～40 厘米，深 30～35 厘米的沟施入。

B. 银杏园耕翻 在土壤封冻前对银杏园进行一次耕翻，翻深 30 厘米左右，增强土壤的通透性和蓄水保水能力。

C. 清园 在落叶后，及时清扫落叶、杂草，以减少病虫越冬场所，为翌年病虫防治打好基础。

六十、无花果栽培技术

【功能及主治】

无花果是很独特的一种植物，它的果实是由花托及小花膨大发育而成的，在外观上只见果实，不见花，因而称为无花果，有的地方也称隐花果，它为桑科落叶灌木或小乔木。

无花果果实中含有苯甲醛、补骨脂内酯、佛手柑内酯，以及丰富的镁、锌、硒等微量元素，而镁、硒、锌是维持肌体正常生命力的微量元素，具有防癌和抑制心血管疾病的作用，无花果有增强胃功能，帮助消化、消肿解毒、明目生肌、缓解腹泻等功效，经常食用无花果可净化肠道，促进有毒物质的排出，对胃癌、肝癌、食管癌等病症有较好的预防效果，无花果是制造防癌药物的主要原料之一。

【形态特征】

无花果树势中庸偏强，新梢直立，细枝发生较多，小枝粗壮，株型紧凑，叶片倒卵形或近圆形，长 10～12 厘米，具 3～5 深裂，先端圆钝，叶缘有不整齐锯齿，上表面粗糙，背面有硬毛，花单性，雌雄同株，果由花托及其他花器组成，果实扁圆形或卵形，大小随品种不同各异，成熟期也不一样，早的 7 月份成熟，晚熟的 10 月才成熟，成熟后果实顶端开裂，品种不同果皮和果肉颜色不同，果皮有绿色的（图 2-162），也有紫色的，果肉从粉红到深红色。

【生长习性】

无花果树生长快，成形早，早实，一般栽植当年可见果，定植第三年进入盛

图 2-162　无花果植株生长情况

果期，亩产可达 1500 千克，五年生以上的树如种得好，产量可达 2000 千克以上。品种有夏果品种和秋果品种之分，一年中可结两次果，夏果多长于基部 1～5 叶腋，果实发育期 60～80 天，树的寿命长，抗病虫，栽培简单。

　　无花果对环境适应性强，喜光、喜温、耐寒、耐瘠薄、耐盐碱，对土壤要求不严，适应范围广，全国多地可栽培，我国主产区在长江以南，在我国江北栽培时，由于其抗寒性稍差，幼树期要注意防寒保护。

【栽培要点】

　　(1) 苗木繁殖　无花果苗木繁育方法较多，既可扦插繁殖，也可压条繁殖，还可分株繁殖。其中以扦插繁殖为主。

　　A. 扦插繁殖　春秋均可进行，春季在清明前后进行，秋季在 9～10 月落叶后进行，扦插时春季宜迟，秋季宜早，地温在 15℃以上。地温过低，则不利于生根，影响扦插成活。

　　选择有一定排灌能力，地势平坦，土层深厚，背风向阳的中性土壤地块作苗床，扦插前进行耕翻，保持耕深在 30 厘米左右，结合耕翻，亩施入充分腐熟农家肥 4000 千克以上，耕后耙平，整成宽 1.5～2 米的畦。

　　结合秋季修剪收集一年生健壮枝条作插条，秋插的边剪边插，春插的插条要进行沙藏处理，一般插条截成长 20 厘米左右，上端剪平，下端剪斜，保证每个插条留 3～4 个芽，插前用 10 克/千克生根粉溶液浸泡插条 2～3 小时，然后按株距 30 厘米、行距 40 厘米的标准扦插，插后地上露一个芽，有浇水条件的浇水，然后用黑色地膜进行覆盖。

　　扦插成活后，在苗高 15～20 厘米时进行摘心，根据植株生长情况适当追肥，以保证苗木健壮生长。

B. 压条繁殖　利用母树基部的枝条进行压条，选择长度在 1 米左右，生长健壮的枝条，在距母株基部 5～10 厘米处挖深 15 厘米左右的沟，将枝条压入沟内，浇透水，一般一个月左右即可与母株分离。

C. 分株繁殖　春季临发芽前，将植株根部的萌蘖苗从母株上带根分离，进行移植。

(2) 移栽　在春季萌芽前或秋季落叶后到土壤封冻前进行，要求移栽的苗木高度在 60 厘米以上，一般可按株距 2 米、行距 3 米的标准栽植，栽植时注意挖大坑，将栽植坑挖成长、宽、深皆 60 厘米左右，栽后踏实土壤，有浇水条件的浇水，待水渗下后用行间干土封穴，然后用地膜覆盖树盘保墒，以提高成活率。

(3) 栽后管理

A. 保墒　虽然无花果适应性强，但干旱土壤墒情差时，会影响植株的生长，不利于产量提高，我国北方栽培时，应做好保墒工作，以促进植株健壮生长，提高结实能力。3 年生以下的小树可采用树盘覆盖的方法保墒，4 年生以上的树可采用栽植行覆膜的方法保墒，一般覆盖面积越大，保墒效果越好。最好用黑色地膜覆盖，一方面可起到保墒作用，另一方面可抑制草害，减少生产用工。

B. 间作　无花果栽植后的前两年，由于树体小，行间空间较大，可适当进行间作，以增加收入，同时通过给间作物施肥、松土、除草等作业，加强土壤管理，有利于促进无花果树体生长。在无花果园间作时应注意选择低干矮冠浅根性的瓜类、豆类、薯类作物，切忌种植高秆的玉米、高粱和费墒的胡麻及苜蓿等深根性作物。

C. 施肥　虽然无花果耐瘠薄，但经济产量的形成与物质供给是息息相关的，为了提高产量，要适时供给肥料，保障物质供给。每年应在采果后、春季萌芽前及果实膨大期各施一次肥料，以满足生长结果对营养的需求。采果后应以有机肥和迟效性的磷钾肥为主，据树大小株施有机肥 0.5～5 千克，磷酸二铵 0.1～0.5 千克，硫酸钾 0.1～0.5 千克；春季萌芽前以施用高氮型复合肥为主，据树大小株施 0.2～2.5 千克；果实膨大期施低氮高磷中钾型复合肥，据树大小，株施 0.2～2.5 千克。采果后在树梢外缘挖沟施，花前及膨果肥可采用点状梅花挖穴施。

D. 除草　对于不进行间作的无花果园，应及时地清除园内杂草，以减少土壤养分的消耗，保证植株生长结果的顺利进行。

E. 修剪　无花果细枝较多，极易出现光照恶化现象，影响生长结果的进行，生产中要进行修剪调节，以保证园内通风透光良好，提高结实能力。无花果修剪时，应注意：

a. 无花果树形以多主枝自然开心形整形为主，定干高度 30～80 厘米，可根据树体生长实际，选留 3～5 个主枝。

b. 品种不同，修剪的主要手法是不一样的，修剪时应注意区别对待，一般夏果品种修剪时应以疏枝为主，秋果品种修剪时应以短截、回缩为主。

c. 无花果树体造成伤口后，树液会大量流出，导致树势衰弱，因而要实行轻剪，避免在树体上造成大量伤口，以防止树势衰弱。

d. 无花果喜光，修剪时应及时疏除树体中的干枯枝、徒长枝、病虫枝、交叉枝、重叠枝、根蘖枝等影响光照的枝，以保持树体有良好的通风透光性。

e. 控制树势，提高结实能力：无花果幼树生长旺盛，成花能力弱，可在夏季将直立枝条拉平，以抑制旺长，缓和长势，促进成花，提高结实能力。

f. 加强结果枝的更新：无花果结果枝连续结果能力较强，但结果枝枝龄过大时，结果能力会下降，导致产量降低，果个变小，因而要对结果 3～4 年后的结果枝进行疏除或回缩，以加快结果枝更新，保持旺盛的结果能力。

F. 防冻　无花果耐寒力较弱，在较冷地区栽培时，冬季易受冻，要注意保护树体，防止冻害的发生，1～2 年生幼树可采用冬季埋土的方法保护，3 年生以上的树可采用树干包草、裹纸等措施减少冻害的发生。

(4) 采收加工　无花果成熟期为夏季末期，当果实的颜色变成浅紫色开始变软时采摘。采摘时要注意天气变化，在雨前将无花果全部采摘，减少烂果损失，采后及时拣除有斑块、斑点及过熟果（图 2-163）。无花果的果实很稠密，果枝都很脆，稍不注意容易碰掉，所以在采摘成熟果实时，一定要注意选好梯子的位置，避免伤害未成熟果实。

选择成熟的无花果，剔除烂果、残果和其他杂质，清水冲洗后，切去果柄。小果品种不用分切，大果品种可分切为二，或切条切块，这样能加大物料与干燥介质的接触面，缩短干燥时间，减少能量消耗。

无花果可自然干制，也可人工干制，原料的摊铺都要均匀一致，不能太厚。采用自然干制将果实摊铺在晒盘、晒帘、晒席上晾晒，气候干燥时可昼夜摊开晾晒。地面较潮的晒场，要用木棍、石块等把晒帘垫起，既可防潮又能改善通透条件，晾晒时要经常翻动。采用人工干燥，在加温的同时注意通风和排气，以利于水分蒸发，开始烘烤温度要高些，需 80～85℃，后期温度低些为 50～55℃，干燥时间一般在 6～12 小时，以果品含水量达到要求为准，无花果果干的含水量一般为 20％左右。

将干燥的无花果果干堆集在塑料薄膜之上，上面再用塑料薄膜盖好，回软 2～3 天，然后即可包装制成成品无花果果干（图 2-164）。

图 2-163　无花果果实采摘

图 2-164　无花果果干

　　60种常用中药材栽培技术

参考文献

[1] 高学敏．中药学．北京：中国医药科技出版社，1990.

[2] 中华大典编委会．本草纲目校注．北京：中国文史出版社，2003.

[3] 王钦茂．药理学．上海：上海科学技术出版社，1985.